GUIDE
DU
BAIGNEUR

DANS DIEPPE ET SES ENVIRONS

POUR 1858,

Orné de Gravures et Lithographies.

PRIX : UN FRANC.

SE TROUVE

AU BUREAU DU JOURNAL DES BAIGNEURS, RUE DES TRIBUNAUX, 7;

Chez tous les Libraires et à l'Etablissement des Bains.

GUIDE DU BAIGNEUR

DANS DIEPPE ET SES ENVIRONS.

PARIS, ROUEN, DIEPPE.

DE PARIS A ROUEN.

Nous ne répéterons pas ici ce que disent tous les itinéraires de Paris à Rouen. C'est chose connue des voyageurs. Notre mission particulière est de conduire le voyageur de Rouen à Dieppe et d'être son guide dans cette partie neuve et inexplorée du chemin. Cependant, pour ne pas l'abandonner entièrement à ses réminiscences, nous aiderons sa mémoire en glissant rapidement avec lui sur la voie de Paris à Rouen.

On sort de Paris par le magnifique embarcadère de la rue Saint-Lazare et, après avoir traversé les Batignolles,

Asnières, Colombes, les Houilles, on aperçoit le château de Maisons-Laffitte, construit par Mansard et illustré par la présence de Voltaire et de Napoléon. Depuis, le duc de Montebello et Jacques Laffitte l'occupèrent tour à tour. C'étaient les puissances de leur temps : les armes et la finance. On laisse au loin Saint-Germain-en-Laye, le berceau de Louis XIV et la tombe de Jacques II. On passe près de Poissy, où naquit saint Louis, le 24 avril 1215 ; où Charles-le-Chauve tint un concile et les protestants un colloque. Puis on aperçoit Triel, ancienne propriété de l'abbaye de Fécamp, dont l'église possède un tableau peint par Le Poussin et donné par un pape à Christine de Suède. Nous passons à Meulan, où commence l'histoire de la Normandie ; à Mantes, où notre illustre Guillaume gagna la mort lorsqu'il allait *faire ses relevailles* à Notre-Dame de Paris. Dans cette paisible cité, batailla Duguesclin et mourut Philippe-Auguste. Il est fâcheux qu'une profonde tranchée nous dérobe la vue de l'église fondée par Jeanne de France et qui est fort belle. Faisons des vœux pour qu'on en relève promptement les tours. Qui veut connaître Mantes doit s'y arrêter et prendre en main le livre que vient de publier sur cette ville M. Auguste Moutié.

De Mantes à Rosny, il n'y a qu'un pas par le chemin de fer ; Rosny, c'est le berceau de Sully, l'auteur des

Economies royales, le plus grand ministre de Henri IV. Dans notre Normandie, on appelle *Rosny* de vieux arbres plantés sur les cimetières par cet ami de l'agriculture. Rosny était récemment la maison de plaisance de la duchesse de Berry, dont Dieppe était le balnéaire. Traversons le tunnel de Rolleboise, qui a plus de 2,600 mètres de longueur, et jouissons des débris de ce vieux château de la Roche-Guyon, qui appartint aux Normands et où périt le vainqueur de Cérizoles. On aime les vieux châteaux en ruines, c'est ce qui donne tant de charmes aux rives du Rhin et du Rhône.

Vernon, où nous arrivons par un remblai de 100,000 mètres cubes, est la ville des carrières par excellence. C'est avec la pierre de Vernon que le moyen-âge a bâti ses belles églises, à Rouen et dans toute la Normandie. C'est avec une colline de Vernon qu'a été fait le palais du Louvre. Cette ville était la clé de la Normandie vers la France; aussi elle a vu bien des siéges et bien des batailles. La tour où sont les archives communales proclame encore ces souvenirs de guerre.

Près de Vernon sont la forêt, antique retraite de saint Adjuteur, et le château de Bizy, cher au duc de Penthièvre et au roi Louis-Philippe. Après avoir glissé quelque temps dans la vallée de la Seine, au moment où l'on traverse le parc de l'ancienne Chartreuse de Bourbon, on voit apparaître, sur une colline, l'ancien château de Gaillon, la splendide demeure des archevêques de Rouen. Le cardinal d'Amboise le fit bâtir avec magnificence et M. Achille Deville vient de nous révéler, dans un livre splendide, tous les détails de cette somptueuse construction. Dans cette fastueuse enceinte, le cardinal de Bourbon fut proclamé roi de la Ligue, car c'est ici que fut résolue, par les puissants du royaume, la *Sainte Union catholique;* l'archevêque de Harlay y établit une imprimerie et y publia le *Mercure de Gaillon.* C'est aussi dans l'admirable chapelle de ce château, dont les stalles étaient un chef-d'œuvre de la renaissance, que les évêques de la Normandie, réunis en concile, condamnèrent les fameuses *Maximes des Saints,* de Fénélon. La révolution démolit cette merveille, et M. Lenoir fit porter à Paris une des façades de ce chef-d'œuvre. Elle décore aujourd'hui le palais des Beaux-Arts. Le *progrès des temps* en a fait une prison pour des centaines de détenus.

Tournons maintenant nos regards vers les majestueux débris du Château-Gaillard, cette FILLE D'UN AN du roi Richard-Cœur-de-Lion. Admirez comment Philippe-Auguste a pu escalader ces hautes tours où fut étranglée plus tard la fameuse Marguerite de Bourgogne, femme de Louis-le-Hutin. Ce géant de pierre se dresse encore sur la Seine qu'il commandera bien des siècles.

Derrière la forteresse sont les Andelys, *la ville de sainte Clotilde*, la patrie de l'aéronaute Blanchard, d'Adrien Turnèbe, célèbre érudit du xvie siècle et de Nicolas Poussin, le plus grand des peintres français. Saluons par la pensée sa statue de bronze et n'oublions pas de dire que c'est à Hacqueville, près des Andelys, que reçut le jour Brunel, l'ingénieur du tunnel sous la Tamise.

Nous franchissons le tunnel de Vénables, qui a 1,720 mètres de longueur. A notre gauche est Louviers, sur la rivière de l'Eure qui va bientôt s'unir à la Seine. Louviers est célèbre par ses draps et par l'histoire de la possession de ses religieuses. A droite, c'est l'Andelle, qui se jette dans la Seine au pied d'un coteau que surmonte le prieuré *des Deux-Amants*.

Enfin, sur la rive gauche, est la petite ville du Pont-de-l'Arche, la patrie d'Hyacinthe Langlois. On la dit bâtie par Charles-le-Chauve. Le pont qui lui a donné le nom est en pierre et l'un des plus vieux de toute la Seine. Le flux de la mer vient mourir sous ses arches chargées de moulins.

Saluons l'abbaye de Bon-Port, franchissons le tunnel de Tourville, près duquel est Elbeuf, la plus riche draperie de France; passons la Seine, à l'île d'Oissel, où campèrent les Normands, où Guillaume tint un concile en 1082, et arrivons à Sotteville, où sont les vastes ateliers du chemin de fer.

Nous traversons la Seine pour la dernière fois, nous passons sous la côte Sainte-Catherine, que surmontent un vieux fort, le camp d'Henri IV et la place d'une abbaye. Nous sommes à Rouen, la métropole de la Normandie, que nous allons passer sous terre; mais il sera bon d'y revenir, si vous voulez connaître la plus curieuse ville que nous ait léguée le moyen-âge.

Vous passerez d'agréables journées à visiter ses musées, ses églises, ses maisons, ses palais, ses horloges, ses fontaines, ses hôtels et ses tribunaux. Nommer Saint-Maclou, l'hôtel du Bourgtheroulde, le Palais-de-Justice, l'abbaye de Saint-Ouen et l'église cathédrale, c'est dire les plus grandes merveilles que possèdent la Normandie, la France et presque l'Europe chrétienne.

DE ROUEN A DIEPPE.

ROUEN.

Nous quittons Rouen par l'embarcadère de la rue Verte. Le dernier monument que nous apercevons de cette ville, qui en est si riche, est l'église Saint-Romain, ancienne chapelle des Carmes-Déchaussés, bâtie autrefois par les marquis de Cany et possédant aujourd'hui le tombeau de son patron, le plus grand et le plus saint de nos évêques. Nous passons sous le Mont-aux-Malades, jadis une léproserie que remplace aujourd'hui un séminaire. De jeunes lévites se réunissent dans cette église où Henri Plantagenet rassembla des chanoines de l'ordre de Saint-Augustin, afin que leur prière expiât le meurtre de saint Thomas de Cantorbéry. Nous traversons la voie romaine qui conduisait de Lillebonne à Rouen, le cimetière gallo-romain de Saint-Gervais, où l'on trouve tant de sarcophages antiques. Les champs qui entourent cette vieille église forment un immense dortoir où les générations s'accumulent depuis vingt siècles. Dans les fondements du temple, ont été assis, pour en former la base, saint Mellon et saint Avitien, premiers évêques de Rouen et apôtres de la Neustrie. Ils reposent dans une crypte construite en tuf et en briques romaines que l'on attribue, avec la plus grande ressemblance, à saint Victrice qui, pour la bâtir, portait lui-même des pierres sur son dos et sur ses épaules. Le vieux pontife, ami de saint Paulin de Nole et de saint Martin de Tours, avait reçu de saint Ambroise quelques reliques des saints martyrs Gervais et Protais, récemment trouvées à Milan.

Cette vieille église, l'une des plus vénérables de la Normandie, fut donnée par nos premiers ducs à l'abbaye de Fécamp qui y établit un prieuré, une haute-justice et une potence à quatre piliers qui figure sur tous les anciens plans de Rouen. Ce fut dans ce modeste prieuré, près des reliques des saints et des corps vénérés des pontifes, que vint mourir Guillaume-le-Conquérant, le 9 septembre 1087. Il fuyait dans cette solitude le bruit de la ville, si importun pour un malade. Il cherchait le repos, il y trouva le repos éternel.

Le prieuré a disparu dans les guerres, mais le souvenir du grand roi vit toujours, et l'Académie de Rouen, fidèle dépositaire des traditions normandes, est venue consacrer, par une inscription commémorative placée sur les murs de l'église, le passage du plus grand homme du xie siècle.

Aujourd'hui, le quartier Saint-Gervais est devenu le plus prospère et le plus commerçant de la ville. C'est la demeure de prédilection des manufacturiers et des fabricants de rouenneries, dont les produits jouissent d'une réputation européenne ; aussi les émeutiers de 1848 appelaient-ils cette côte le *Mont-d'Or,* à cause de ses richesses qu'ils convoitaient. Déjà ce quartier a perdu le nom de Saint-Gervais pour prendre celui de *Cauchoise,* à cause de la porte de Rouen qui conduisait vers le pays de Caux, et peut-être aussi parce que la population qui la compose est toute d'origine cauchoise. Ce qui n'est par la pire.

Enfin, nous sortons des tunnels et nous voici à la source des fontaines qui alimentent la ville de Rouen, les eaux d'Yonville et de Saint-Filleul, vieux baptistère où baptisa sans doute *Flavius,* l'un des premiers évêques de Rouen, à qui le peuple a consacré ici une chapelle, sous le nom de Saint-Filleul.

Des hauts retranchements de la rue du Renard, se déroule devant nous un point de vue magnifique ; profitons-en, car nous n'avons qu'un instant pour en jouir. A l'horizon, voici Canteleu avec ses châteaux et ses magnifiques futaies qui nous présagent les clairières du pays de Caux. A ses pieds coule la Seine, toujours couverte de navires à voiles et de bateaux à vapeur qui en font comme la grande rue d'une ville de commerce. Des îles de verdure flottent sur le fleuve, semblables à des alléges chargées de troupeaux et de feuillages. Des vertes prairies de Quevilly, de St-Sever et de Sotteville, s'élancent des milliers de flèches industrielles vomissant ces noires vapeurs qui enveloppent de leur éternel brouillard la capitale de la Normandie. Aussi on dirait que la gargouille y respire encore, et que le monstre de saint Romain cherche toujours à étouffer les habitants de la cité.

Disons adieu à ces hauts clochers dont l'art catholique a couronné les murs de la ville de Rollon et de Corneille. Les tours de Saint-Ouen et de la cathédrale se dressent devant nous pour se disputer nos derniers regards. Que notre dernier souvenir soit pour Notre-Dame-de-Bon-Secours, afin qu'elle protège notre voyage et surtout qu'elle ne devienne jamais pour nous Notre-Dame-des-Flammes.

DÉVILLE.

Nous sortons du dernier tunnel et nous quittons, enfin, cette longue voie souterraine qui forme la ceinture de Rouen. La postérité s'étonnera à la vue du travail colossal et vraiment Romain que notre siècle a entrepris pour traverser Rouen en chemin de fer. Ce sont là de ces entreprises gigantesques que l'on ne comprend que lorsqu'on les voit réalisées.

Nous entrons maintenant dans cette belle et riche vallée qui commence à Déville et qui nous mènera jusqu'à Clères, où la *Cailly* prend sa source. Aucune petite rivière de France ne fait mouvoir autant de roues, ne vivifie autant d'usines, n'anime autant d'ateliers d'industrie, que ce modeste ruisseau. C'est le *Sacramento* de notre laborieuse et honnête Normandie.

Nous voyons déjà se dérouler devant nous cette large et belle vallée toute couverte d'habitations et de manufactures. Les coteaux qui la bordent, à droite et à gauche, sont couronnés de bois-taillis qui ressemblent à des forêts, tant ils sont touffus. C'est que derrière eux, en effet, en face de nous, est la forêt de Roumare où Rollon suspendit, dans un jour de chasse, ces fameux bracelets d'or que nul n'osa voler.

Sur notre tête est le *Bois-Lévêque*, ainsi nommé parce qu'il appartenait, de toute antiquité, aux archevêques de Rouen, primitivement appelés *évêques métropolitains*. Leur demeure était à Déville, dont le nom latin indique bien la maison d'un homme de Dieu, *Dei-Villa*. Saint Romain, évêque du VIIe siècle, s'y plaisait beaucoup, et une mare voisine de l'église porte encore le nom de ce saint. Le peuple prétend que jamais les grenouilles n'ont pu y vivre. Pour nous, nous sommes porté à voir dans cette mare le reste d'un de ces baptistères primitifs où nos apôtres romains et nos pontifes mérovingiens régénérèrent les peuples de nos contrées, si long-temps infidèles.

A Déville, toutefois, nos anciens archevêques aimaient à habiter dans un manoir dont il ne reste plus que la place. Eudes Rigaud, qui préférait la campagne à la ville, habitait plus souvent cette maison des champs que son palais archiépiscopal. Nos pontifes tenaient des synodes à Déville, ils y ont même réuni jusqu'à des conciles. Aujourd'hui, Déville est riche de ses usines, de ses manufactures d'indiennes, de ses filatures et de toute la prospérité d'une industrie moderne. 4,000 habitants vivent et prospèrent là où végétaient quelques serfs de la féodalité. Sur ce long pavé de Déville, que l'on parcourait jadis dans les diligences et des omnibus, est exposé, comme une relique, le marteau de la fameuse Georges d'Amboise, cassée à la Révolution, dont le métal servit à faire des canons et dont toute l'oraison funèbre se résuma dans cette inscription républicaine gravée sur de gros sous :

>Monument de vanité,
>Détruit pour l'utilité,
>L'an deux de l'Égalité.

MAROMME.

De Déville, on arrive à Maromme sans s'en apercevoir. C'est toujours la même série d'usines, de fabriques et d'ateliers d'industrie. Une église neuve vient de s'élever pour les besoins spirituels des nombreux ouvriers qui, comme des abeilles, peuplent ces ruches laborieuses. Quoique inachevée, nous pouvons déjà la citer comme une œuvre de bon goût : rien que le clocher dont il nous est donné de voir la gracieuse flèche de pierre nous dit que c'est là l'inspiration d'un artiste chrétien. Son constructeur en effet est M. Barthélemy, l'architecte de la cathédrale de Rouen, le créateur de l'église de Bon-Secours. Le choix de ce bâtisseur habile honore déjà ceux qui l'ont appelé, et vous féliciterez encore plus les habitants de Maromme quand vous saurez que cette charmante pyramide de pierre n'a coûté que 12,000 fr. Aussi lecteur, qui que vous soyez, si vous avez jamais à bâtir une église ne prenez pas d'autre architecte que M. Barthélemy.

Sur la côte de Maromme, en face de nous, vous apercevez le fameux bois de La Valette, si célèbre par les bandes de voleurs qui faisaient l'effroi de la contrée. Dans la traverse de Maromme, près du pont où l'on franchit la rivière, était encore, il y a vingt-cinq ans, un moulin à poudre qui devait remonter au temps d'Henri IV, car je me souviens d'avoir lu sur sa vieille porte l'inscription suivante :

Etna hæc Henrico Vulcania tela ministrat;
Tela gigantæos debellatura furores.

Cette fabrique de projectiles, qui fut supprimée en 1834, a fourni à notre siècle un véritable foudre de guerre. C'est là, en effet, que, le 6 novembre 1794, est né le maréchal Pélissier, duc de Malakoff. Une inscription gravée sur marbre indique au voyageur et à la postérité l'humble maison du xvie siècle qui a donné à la France le vainqueur de Sébastopol.

BONDEVILLE.

Déjà la flamme nous a transportés jusqu'à Bondeville. Ces prairies, aujourd'hui couvertes de maisons, d'ateliers et de manufactures, furent autrefois solitaires et silencieuses; et là où retentit le bruit de l'industrie, on n'entendait autrefois que le chant des oiseaux ou le pieux murmure de la prière.

Vers 1140, Richard de Rouvres et Mathilde, son épouse, fondèrent à Bondeville un prieuré de femmes de l'ordre de Citeaux, qu'ils soumirent à l'abbaye de Bival, près Neufchâtel, instituée dès 1128. Henri II, roi d'Angleterre et Philippe-le-Hardi, roi de France, protégèrent la maison naissante. Le pape Honorius et Clément XI lui accordèrent des indulgences. Elle compta parmi ses bienfaiteurs Hugues de Cideville, Alice, comtesse d'Eu, et Renaud, archevêque de Bourges. Son existence ne fut guère qu'une série d'épreuves; toutefois elle se releva de ses ruines sous le règne de Louis XIV, et prit alors une forme nouvelle.

En 1658, l'archevêque de Rouen, François II de Harlay, éleva le prieuré à la dignité d'Abbaye, dont la première titulaire fut Mme de Beaumont. Jusqu'à la Révolution, le monastère compta 6 abbesses et 28 prieures. En 1791, l'église et les bâtiments claustraux furent vendus 90,000 livres. Transformée en une filature de coton, cette demeure est à présent la propriété de M. Deschamps, avocat à Rouen et ancien commissaire du gouvernement provisoire. Il y a une dizaine d'années nous avons eu bien de la peine à reconnaître quelques débris du XIIe siècle dans cette maison de Dieu, transformée en fabrique, et dont les pierres tombales pavaient l'habitation du contre-maître. Du sein des tranchées, où nous glissons avec tant de rapidité, il vous est encore possible de reconnaître la vieille enceinte claustrale à ce carré de murs délabrés, tout couverts d'un épais tapis de lierres verdoyants.

MALAUNAY.

Traversons rapidement le Houlme, — encore un pays de fabrique, — et arrivons à Malaunay, à l'embranchement du chemin du Havre. Ici commence, à proprement parler, la route de Dieppe, car jusqu'à présent, nous avons voyagé sur un chemin d'emprunt, chemin magnifique, à double voie et très-confortable, on sentait que nous étions chez un grand seigneur; maintenant, nous prenons une allure plus modeste, car nous sommes sur un *rail-way* qui n'a qu'une seule voie; mais nous sommes chez nous et, comme on sait, il n'est pas de *petit chez soi*. Souhaitons un bon voyage à nos compagnons de la grande cité commerciale, et nous, roulons vers « la ville des bains et des plaisirs, » comme l'appelait M. Recurt le 29 juillet 1848, jour où il inaugurait notre voie nouvelle. Soyez sûrs que nos amis voyageront moins gaîment que nous. Ils seront constamment ensevelis sous terre, suspendus sur des viaducs ou exposés au grand vent dans des plaines nues et monotones; nous, au contraire, nous traverserons un pays enchanteur, toujours frais, toujours varié, toujours pittoresque.

Tandis que par une sage mesure de la police du chemin, notre convoi s'arrête à l'*Embranchement* pour prendre langue, tout naturellement vous porterez vos regards autour de vous et vous voudrez connaître le point où vous êtes. Tout près, sur votre droite, vous apercevrez une croix de bois, des tertres affaissés, une haie d'épines, indice d'une ancienne clôture et une vieille chaumière, tout cela, c'est ce qui reste d'un presbytère et d'un cimetière. Là où nous passons fut une des trois églises de Malaunay, car cette ancienne paroisse compta trois chapelles dédiées à saint Maurice, à saint Nicolas et à Notre-Dame-des-Champs. Celle qui se dressait sur le penchant de cette colline était Notre-Dame-des-Champs. La Révolution l'a vendue et renversée de fond en comble; mais le peuple tient aux souvenirs, et s'il a perdu la maison de Dieu, il vénère la croix de bois qui garde les tombes. Pour nous, donnons aussi un souvenir et une prière à Notre-Dame-des-Champs !

Mais nous partons de nouveau et nous glissons dans de jolies vallées qui semblent creusées tout exprès pour recevoir un convoi de fête.

Pourtant, dès le début nous rencontrons une colonne funèbre !

Malaunay ! Monville ! Ces deux noms rappellent de tristes souvenirs. Ne passons pas sans une pensée pour les vivants, sans une prière pour les morts. Voyez-vous dans ces vertes prairies, sur le bord de cette paisible rivière, ces pans de mur écroulés, ces tronçons de colonnes, ces piliers renversés, ces poutres délaissées sur le sol, ces roues abandonnées, ces machines négligemment jetées sur l'herbe? Tout cela, ce sont les muets et derniers témoins de la terrible catastrophe dont vous avez cent fois entendu parler, de l'affreuse trombe du 19 d'août 1845. Avec la puissance de la foudre et la rapidité de l'éclair, ce terrible météore renversa trois usines, où travaillaient 370 ouvriers qui, pendant plusieurs heures, restèrent ensevelis sous les décombres.

Toute la vallée, toute la ville de Rouen accoururent pour les délivrer de ce tombeau d'une nouvelle espèce. On dégagea les victimes avec une peine infinie, il y avait vingt-cinq morts et des centaines de blessés; presque tous étaient mutilés par le choc d'étages renversés les uns sur les autres. Ce fut une scène de désolation universelle dans ce pays naguère si gai, si vivant, si animé. Si quelque chose put consoler de cet immense malheur, ce furent les efforts que tenta la charité publique pour réparer ce désastre. On recueillit plus de 300,000 fr. dans les trois premiers mois de la catastrophe. Dieu le rende aux bienfaiteurs dont lui seul connaît tous les noms!

Mais, voyez comme l'industrie et le commerce réparent

vite leurs pertes dans ce pays. Depuis bientôt douze ans que ce grand désastre a eu lieu, les fabriques se sont relevées plus solides, plus nombreuses et plus florissantes que jamais. A présent vous chercheriez vainement des yeux la place de ces ruines qui ont coûté tant de larmes. Si la gloire du monde s'efface vite, n'est-il pas vrai aussi que peine passée n'est plus que songe?

MONVILLE.

L'église de Monville est une œuvre inachevée du XVIe siècle, qui n'y a laissé que quelques vitraux malheureusement incomplets et mal assortis. Dans le porche, on lit sur une pierre la longue inscription tumulaire d'un médecin de Louis XI ou de Charles VIII. L'ancien *moutier* de Monville fut donné, en 1030, à l'abbaye de Sainte-Trinité-du-Mont-lès-Rouen, par Gosselin, vicomte d'Arques. C'est de ce monastère qu'il passa à la Chartreuse de Bourbon-lès-Gaillon.

Toutefois il y a à Monville quelque chose de plus vieux que l'église. En 1847, lorsqu'on pratiquait les larges tranchées dans lesquelles nous voguons maintenant à toute vapeur, on trouva, à la côte d'Eslettes, un ancien cimetière romain du Bas-Empire et mérovingien des premiers temps. La principale découverte consista en douze cercueils de pierre de Saint-Leu, avec des vases, des armes, des ornements et des médailles d'Adrien et de Maximin. La plupart de ces objets ont été déposés au Musée de Rouen.

Un peu plus loin, toujours dans la même tranchée, sur le territoire d'Anceaumeville, on a extrait, en 1850, deux cercueils de pierre de l'époque carlovingienne. C'est donc sur la poussière de l'homme que glissent ces convois destinés à doubler l'activité humaine!

CLERES.

De Monville on arrive à Clères en remontant toujours le cours de *la Cailly*. La vallée se dégage des brouillards et de la fumée des usines. Au mouvement de l'industrie a succédé le silence des champs et des bois. Les troupeaux remplacent les hommes, et la nature reprend ses droits sur la civilisation. Les énormes coupures que le chemin de fer a pratiquées dans le flanc des collines nous empêchent de jouir constamment de la beauté du paysage, mais cette privation même nous ménage d'agréables aspects inattendus.

Après avoir laissé à nos pieds l'humble chapelle du Tot, qui rappelle les ermitages de la Thébaïde, nous apercevons la flèche de l'église de Clères, modeste édifice habillé à la moderne depuis 1823, mais dont les racines en tuf remontent jusqu'au xie siècle. Ce que cette église possède de plus curieux c'est une chapelle du xvie siècle, qui fut autrefois le splendide oratoire des châtelains; mais qui, de nos jours, est devenue une resserre et un dépôt de vieilles statues. Il y a tant d'images dans ce petit musée ecclésiologique, qu'on pourrait y faire un cours d'iconographie chrétienne.

Le principal, disons mieux, le seul ornement du bourg de Clères, c'est le vieux château qu'une profonde tranchée dérobe malheureusement à nos regards.

C'est aussi toute son histoire. Le peuple raconte qu'Henri IV y coucha pendant ses guerres. Rien de plus naturel, car le Béarnais a couché dans presque tous les villages de la Haute-Normandie. Ce pays était si terriblement ligueur qu'il lui fallut en faire le siège et le prendre d'assaut, pour ainsi dire. Les journées de Caudebec, d'Yvetot, d'Arques et d'Aumale marqueront en lettres rouges dans la vie du vainqueur de Mayenne.

Par une fatalité singulière le château de Clères, occupé

un jour par le démolisseur de la Ligue, échut plus tard aux descendants du chef de la ligue cauchoise. La famille de Fontaine-Martel posséda la terre de Clères en 1630, par le mariage d'un sire de Fontaine avec Marie de Clères. Plus tard, Louis XIV, encore enfant, érigea cette baronnie en marquisat par lettres-patentes de 1651.

On a dit que dans la galerie se trouvait jadis le portrait du fameux Fontaine-Martel, le prince des ligueurs cauchois. J'aurais été curieux de le voir en face du père des Bourbons. Le temps rapproche tant de choses et réconcilie tant d'ennemis !

Dans le vieux castel subsiste encore une jolie chambre peinte, dorée, pavée et lambrissée dans le style le plus gracieux du xvie siècle.

De plus nous recommandons le château de Clères aux peintres et aux paysagistes. Ces hautes fenêtres découpées dans le style gothique, ces vieux escaliers serpentant dans cette demeure abandonnée, ces antiques galeries suspendues l'une sur l'autre, ces murs en ruine, ces lierres touffus, ces arbres verdoyants, cette nature vivante à coté d'un monument qui se meurt, tout cela est plein d'une poésie rêveuse, mélancolique et chevaleresque.

ORMESNIL. — LŒILLY. — ETAIMPUIS.

Bientôt nous aurons atteint le point le plus élevé de notre excursion. Nous traverserons la ligne que les géologues appellent le *partage des eaux*. D'un côté est le versant de la Seine, de l'autre celui de l'Océan. Désormais nous descendrons à la mer par une pente insensible, et pour y arriver nous n'aurons plus qu'à nous laisser aller à la dérive. Il n'y aura désormais qu'à suivre les bords enchantés de la Scie, dont la vallée semble préparée tout exprès pour recevoir une grande voie ferrée.

Pendant quelques minutes encore nous resterons encaissés dans une tranchée profonde comme un tombeau. Quels puissants travaux il a fallu pour couper ainsi sur une longueur de six kilomètres une couche de brèche de plus de trente mètres d'épaisseur! Ici est Ormesnil où vous chercheriez en vain la trace du temple que vivifiait naguères la population. Là est Lœilly, petit village dont les révolutions ont dévoré jusqu'à la dernière pierre de l'église. Plus loin, c'est Etaimpuis dont l'église, ruinée pendant cinquante ans, et relevée, en 1855, par le zèle des habitants, fut donnée primitivement par les Mortemer à l'abbaye de Saint-Victor qui va nous apparaître. Quelle différence entre le xie siècle et le nôtre! Dans les moindres villages il plantait de belles et solides églises:

le nôtre, hélas! les renverse ou les voit tomber avec indifférence.

Des ravins d'Etaimpuis, près de la tranchée où nous sommes, jaillit de temps à autre une source mystérieuse que l'on appelle la *Cache-Fêtu*, et qui n'est autre qu'une seconde source de la Scie.

SAINT-VICTOR-L'ABBAYE.

Saluons ici la statue du Conquérant, de ce rude Guillaume qui a animé cette église parce qu'elle était dédiée au patron des guerriers chrétiens. Guillaume, si heureux dans ses guerres, avait placé sur un des points les plus élevés de la Normandie la châsse d'un saint dont le nom seul rappelait une victoire. Aussi le pays tout entier a conservé souvenir du grand homme et du grand saint. L'image du duc-roi, vieille statue du XIVe siècle, à présent reléguée derrière le chœur, garda long-temps le seuil du temple du saint patron de Marseille, comme nous l'apprend une inscription latine composée sans doute par l'abbé Terrisse :

Anglia victorem, dominum quem Neustria sensit,
Limina Victoris servat amica sui.

Le conquérant de l'Angleterre fut le premier pèlerin à

ces reliques où tant d'autres sont venus depuis et viennent chaque jour encore. Car l'abbaye fondée par les Mortemer, visitée par les rois et les prélats, illustrée par les abbés Terrisse et de Circassis, est tombée sous la main du temps, tandis que la poussière du pauvre soldat de Marseille est restée sur les autels. Les murs qui fermaient le bourg sont démantelés, le château des Mortemer a été rasé, les fossés ont été comblés, les mottes détruites, le cloître a fait silence, il ne reste plus des anciens temps que quelques colonnes dans l'église et une jolie salle capitulaire qui sert de bûcher. Quel malheur de profaner ainsi un bijou du style ogival primitif! Un marché, une halle, des maisons neuves et commodes couronnent la pointe du coteau et remplacent la rude enceinte des temps passés.

Depuis que ces lignes ont été tracées pour la première fois, en 1849, une véritable révolution s'est opérée pour l'abbaye de Saint-Victor. Elle vient d'être achetée, ou du moins louée pour un long bail, par un bon prêtre de Rouen, M. l'abbé Lequesne, aumônier de l'Hospice, qui d'accord avec Mgr l'archevêque de Rouen, M. le Préfet et le Conseil-Général, va fonder ici une crèche de Saint-Vincent-de-Paul, où seront élevés les enfants abandonnés de l'hôpital de Rouen. Admirable pensée toute pleine d'actualité et d'avenir ! Heureuse providence pour l'abbaye de Saint-Victor qui, un moment sécularisée, va se rattacher à l'Eglise plus fortement que jamais et qui revient à Dieu par la charité. Comme le génie chrétien est fécond ! le XIe siècle, âge de fer, créait des asiles pour la prière ; le XIXe, temps de travail et de civilisation, ouvre des refuges pour la faiblesse et l'indigence.

La Scie, que nous suivons désormais, semble sortir du mamelon même de Saint-Victor, dans une prairie qui touche à l'embarcadère là où est bâtie la ferme *du Breuil*. Si vous interrogez le laboureur qui cultive cette métairie et les *Champs de la Rivière,* il vous dira qu'à chaque instant sa charrue heurte contre des maisons disparues ; qu'elle ramène sans cesse à la surface des monnaies mystérieuses à l'effigie des rois qui ne sont plus. C'est, ajoute-t-il, le cadavre de la vieille cité de Forteville qu'il talonne ainsi dans son tombeau. Ce sont ses ossements qu'il remue sans fin dans ces champs couverts de moissons ; ossements antiques, cadavres romains dont l'antiquaire reconnaît partout les restes, vestiges parlants des anciennes ferrières, de ces forges gallo-romaines qui couvrirent le pays pendant tant de siècles, usines séculaires dont les derniers feux ne sont éteints que depuis deux cents ans.

—

SAINT-MACLOU-DE-FOLLEVILLE.

Nous touchons presque avec la main à une église isolée assise sur le penchant d'une colline où se groupent à peine quelques métairies. C'est l'église de Saint-Maclou-de-Folleville, dédiée au saint apôtre de la Bretagne armoricaine. Cette position solitaire convient à un ermite qui a vécu long-temps sur les rochers d'Aleth. Peut-être le bon pèlerin apostolique est-il venu jusque dans ces contrées annoncer la bonne nouvelle de l'Évangile. Dans ce cas, on serait tenté de croire que c'est là la chapelle de son ermitage.

Cette église appartenait au monastère dont elle était voisine et contemporaine. On y trouve quelques bons tableaux, une chaire élégante, un joli banc seigneurial, restes et souvenirs des de Giffart, de La Pierre, dont vous voyez le vieux manoir de brique rouge sur la colline opposée.

Ce castel du xvie siècle mériterait de tomber entre des mains intelligentes qui le restaureraient avec goût et en feraient une habitation charmante. On raconte, à propos des sires de Giffart, qu'un de ces gentilshommes d'épée, revenant dans ses foyers après la guerre de Sept-Ans, entra à Rouen le soir, à la tête d'une poignée de cavaliers, ses compagnons d'armes. Jeunes et accoutumés au sans-gêne des champs, ils s'avisèrent d'abattre tous les réverbères de la ville, qu'ils plongèrent ainsi dans l'obscurité la plus complète. Traduits devant le Parlement pour ce méfait, les coupables furent condamnés à la réprimande et à l'amende.

Il y a une dizaine d'années on voyait encore, dans une des salles du château, sous une caisse vitrée, toute la compagnie du sire de Giffard, représentée avec armes et bagages, par de petits bonshommes de carton. Au bas de chaque personnage on lisait un nom qui très-souvent était allemand, ce qui prouve que ces batailleurs de profession étaient des Suisses ou des Allemands au service de la France.

Tout près de ce château, et presque dans ses avenues, se trouvait autrefois le prieuré conventuel de Saint-Thomas-sur-Scie dépendant de l'abbaye de Saint-Victor. Eudes Rigaud en fait mention au XIIIe siècle dans le *Journal de ses Visites pastorales*. Un des derniers titulaires de ce modeste bénéfice fut messire Jean Leprevost qui en 1624 devint chanoine de Rouen et fut en Normandie un des hommes les plus érudits de son siècle.

VASSONVILLE.

Mais déjà nous sommes en vue du champêtre hameau de Vassonville. Ici la solitude est profonde et la vallée commence à s'élargir. Le paysage s'égaie et nous fait pressentir toute la richesse des bords que nous allons parcourir. La petite église qui se cache à votre gauche dans des massifs d'arbres, dépendait de l'abbaye de Saint-Victor à laquelle elle fut donnée par les anciens châtelains de ce bourg, les sires de Mortemer. La nef fut rebâtie et consacrée le 12 juin 1512; mais le chœur qui est plus ancien renferme un souvenir que nous devons évoquer ici. C'est dans cet humble sanctuaire que fut inhumé, le 24 août 1775, le bon abbé Fontaine, curé de la paroisse, membre de l'Académie de Rouen, qui réjouit long-temps ce corps savant par une spirituelle traduction des Odes d'Horace. Les Grecs et les Romains faisaient tout le bonheur de la France littéraire du dernier siècle.

Les rives de la Scie ont de tout temps inspiré les poètes, car de nos jours un académicien qui habite les bords de cette modeste rivière, a fait pendant vingt ans, par des fables gracieuses, les délices de nos séances publiques. Au xviie siècle, un moine de l'abbaye de Saint-Victor mit en vers la vie du saint patron de ce monastère.

Aussi, on pourrait appeler cette modeste rivière l'Hypocrène de la Normandie. Les Muses n'ont pas dédaigné d'habiter ses frais ombrages comme au temps où elles fréquentaient le Pinde et la vallée de Tempé,

.....*Non erubuit silvas habitare Thalia.*

SAINT-DENIS-SUR-SCIE.

Avant d'arriver à Auffay, nous franchissons une verte prairie tout ombragée de peupliers, dans laquelle fut assise la petite église de Saint-Denis-sur-Scie. Possédée par les châtelains d'Auffay, elle fut donnée par eux à la collégiale qu'ils avaient fondée. Dans l'appareil des murs, on voit encore quelques pierres tuffeuses qui restent comme les témoins de cette donation. Malheureusement, l'administration de cette église rustique a cru devoir se délivrer des bas-reliefs en albâtre du xve siècle, qui représentaient la Passion du Sauveur. Ils provenaient, selon toute vraisemblance, d'un rétable détruit par la révolution liturgique du xviiie siècle. Vendus à un brocanteur, ils ont été acquis par le Musée de Rouen où ils sont aujourd'hui. Si cette manie continue, il ne restera plus rien dans nos églises et il faudra aller étudier l'art chrétien et la liturgie ecclésiastique dans les profanes collections de l'archéologie.

AUFFAY.

Nous entrons dans le bourg d'Auffay que la haute flèche de son église annonce, depuis un moment, d'une façon solennelle. Vers le xie siècle, ce vieux bourg changea son nom primitif d'Isnel-Ville pour celui d'Auffay qui vient évidemment des hêtres élevés et touffus (alta-fagus, alti-fagus) dont vous pouvez admirer encore la beauté et la fraîcheur. Auffay est une ancienne commune dont l'industrie et le commerce lui méritèrent son affranchissement, quand le prodigue Jean-Sans-Terre vendait par morceaux la couronne de ses ancêtres. Moins heureuse que la Picardie et la Flandre, la Normandie posséda peu de communes au moyen-âge et encore le petit nombre qu'elle sut conquérir fut bientôt confisqué par les rois de France. Nous savons d'une manière certaine et à n'en pas douter, que Rouen, Dieppe, Fécamp, Harfleur, Montivilliers, Lillebonne, Eu, Caudebec, Aumale, Arques et Auffay possédèrent leurs franchises communales, mais ce furent des fleurs éphémères qui se fanèrent presque avant d'éclore.

Auffay, rendu à la vie communale par la révolution, prend une physionomie nouvelle depuis la création du chemin de fer. Il est appelé à un brillant avenir; ses tanneries, célèbres depuis des siècles, verront accroître leur antique prospérité. La halle et le marché d'Auffay deviendront l'un des meilleurs entrepôts de ce pays agricole. Et déjà, pendant que nous stationnons, vous pouvez voir sur votre gauche une magnifique raffinerie de sucre de betterave construite en 1853, prémices, nous l'espérons, de beaucoup d'autres établissements industriels.

Ce qui vivifiait Auffay autrefois, c'était son château et son prieuré. Tous deux sont frappés de mort. Une génération nouvelle a germé sur leur cendre. Le château a fait son temps, rien ne le relèvera de ses ruines. Ses vieux fossés demeureront pour attester son enceinte. La motte, sur laquelle on a bâti un pavillon, restera pour indiquer la place du donjon. Des bruits de guerre retentissaient encore il y a trois siècles autour de cette forteresse anéantie. Le royaliste de Chattes vint s'y mesurer avec le ligueur Lavallée-Meynet. Le 24 juin 1589, il y avait un assaut et une bataille : le bourg, l'église et le château furent pris et pillés. Les Dieppois, vainqueurs, se partagèrent les drapeaux dans la citadelle. Paix à la cendre des guerriers qui tombèrent victimes de nos discordes civiles et religieuses !

Le prieuré a suivi le château dans la tombe. Fondé au xie siècle par Gilbert et Richard d'Auffay, il fut donné par eux aux moines de Saint-Evrould. Aussi Orderic Vital le célèbre chroniqueur anglo-normand lui accorde-t-il, dans son *Histoire ecclésiastique,* des pages qu'il refuse à des villes et à des provinces entières. Visité par Saint-Louis, Charles-le-Téméraire et Henri IV, il n'a pas survécu aux ravages de la Ligue, et la Révolution l'a trouvé plus qu'agonisant. Depuis long-temps, Auffay n'a pas vu un seul moine, et l'habitation du prieur est devenue ce blanc presbytère que l'on aperçoit à travers les bosquets du jardin.

De tout son passé, Auffay n'a gardé que sa grande et belle église, le plus beau et presque le seul monument que l'on trouve sur la route de Rouen à Dieppe.

Le plus bel aspect de l'église n'est pas le portail que nous voyons s'élever, à notre droite, au-dessus des maisons du bourg. Malgré la rose qui le décore, malgré les tourelles qui l'accompagnent, sa vue est froide comme le grès qui le compose, comme le style bâtard qui a présidé à sa construction. Ce portail, destiné à réparer le désastre des guerres, fut construit sous Henri IV et Louis XIII, au temps de la plus grande décadence de l'art.

Le plus beau point de vue de l'église d'Auffay est celui que présente le côté méridional, réparé en 1845, aux frais du gouvernement. Cette partie de l'édifice paraît neuve, tant elle a été restaurée avec goût ; mais cette église a deux faces, car le côté nord menace ruine. La nef d'Auffay est admirable, à l'intérieur, par son élévation. Malheureusement, les voûtes manquent; elles auront disparu dans l'incendie allumé par Charles-le-Téméraire, en 1472. Voilà pourquoi nous lisons sur une poutre de la charpente l'inscription suivante :

« L'an mil CCCCLX et XIIII fût faicte
» La carpenterie de cette nef »

Les murs sont supportés par des colonnes rondes et des arcades ogivales. Une jolie balustrade règne dans toute la longueur du vaisseau. Ce bel édifice, commencé en 1264 par ordre de l'archevêque Eudes Rigaud, fait honneur au xiiie siècle.

L'église primitive était romane et à plein-cintre; c'était celle que donnèrent les châtelains d'Auffay à l'abbaye de Saint-Evrould. On peut juger de sa forme par le clocher et les transepts qui ont survécu. Le tuf y joue un grand rôle, c'est assez dire que la rudesse en était le caractère dominant.

La partie haute de l'église n'est pas indigne de la nef. La chapelle du midi, dédiée à la Sainte-Vierge, est une belle construction du xive siècle. Celle du nord, consacrée à Notre-Dame-de-Pitié, appartient au style ramifié du xvie. Le chœur est une jolie création du temps de Louis XII et de François Ier. Les voûtes sont fort remarquables;

mais ce qui charme le plus dans ce sanctuaire, ce sont les vitraux qui transforment l'abside en un vaste tableau. Cette église était riche autrefois d'une belle vitrerie de couleur; mais, hélas! elle a vu disparaître une à une toutes ces brillantes décorations. Nous-même avons vu tomber le mystérieux arbre de Jessé. Il reste encore dans le chœur plusieurs scènes de la Passion et les patrons des donateurs, Guillaume et François de Bourbel, seigneurs du Montpinson.

La grotesque célébrité de cette église, ce sont les statuettes de l'horloge qui représentent deux gros paysans fumant une pipe et frappant alternativement sur la cloche des heures, comme deux forgerons sur une enclume. Ces deux bouffons personnages sont appelés *Auzou Bénard* et *Paquet Sivière,* et leurs noms sont plus populaires dans le pays que ceux d'Alexandre et de César. Pour le voyageur qui aura visité l'ancienne Bourgogne, ces deux magots lui rappelleront beaucoup le célèbre Jacques Mare et sa femme qui frappent les heures à Notre-Dame de Dijon. — Du reste, nous regardons les pipes d'Auffay comme un des plus vieux monuments de l'usage du tabac dans nos contrées. Aussi les fumeurs leurs doivent-ils un souvenir.

Que l'artiste et l'archéologue s'arrêtent à Auffay pour visiter l'église, et nous leur garantissons qu'ils n'auront point à s'en repentir. Ils trouveront un grand corps dont quelques membres sont bien malades; mais qu'ils se souviennent que les mains de notre siècle sont trop faibles pour soutenir ce poids d'églises dont la piété de nos pères a chargé le sol de la patrie.

HEUGLEVILLE - SUR - SCIE.

En sortant d'Auffay, vous apercevez, sur votre droite, au milieu de belles avenues de tilleuls, le château des Guerrots. Saluez ici la demeure du Florian de la Normandie. M. des Guerrots n'est pas seulement un littérateur de mérite, l'auteur de fables gracieuses, c'est encore un ami des arts, et sa maison renferme un choix de gravures des meilleurs maîtres et des plus belles épreuves; aucune œuvre médiocre ne trouve place dans cette collection.

Rien de plus frais, aux beaux jours d'été, que cette vallée de la Scie dont les coteaux sont couverts d'épaisses futaies qui forment la ceinture de nos châteaux modernes. Entre deux abbayes, entre deux puissantes forteresses, les sires de Bourbel assirent autrefois l'église de Heugleville qui semble un oratoire destiné à reposer le moine ou le châtelain. Cette famille des Bourbel, vieille comme les rochers de la Normandie, habitait le château du

Montpinson que vous voyez sur votre gauche et qui, du haut de sa colline, commande fièrement la vallée. L'ancien manoir, flanqué de tours et de bastions, placé à la base du coteau, était plus poétique et plus pittoresque, mais moins confortable et moins gracieux que le pavillon d'aujourd'hui.

Un peu au-dessous du château du Montpinson, nous traversons une profonde tranchée qui coupe la base d'un coteau; au-dessus de cette côte est le village de Gonneville dont l'église construite en grande partie, en 1559, renferme une *chapelle de la Passion* élevée par une famille Masse, comme un témoignage de sa douleur. Aussi, sur ces grès du XVIe siècle, on voit à côté des armes de cette maison, un cœur percé d'une flèche. Trois membres de cette famille infortunée, le père et ses deux fils reposent dans le chœur, sous une curieuse pierre tombale qui reproduit leurs trois images, mains jointes et têtes nues.

Dans cette modeste église de Gonneville fut baptisé, en 1682, Adrien Larchevesque, médecin savant et célèbre, qui fut élève de Winslow, et qui mourut en 1746, laissant une bibliothèque de 12,000 volumes. Il était né de parents pauvres et avait été élevé au séminaire de Rouen, aux frais de l'archevêque Nicolas Colbert. Malheureusement il devint janséniste; aussi les *Nouvelles ecclésiastiques* lui ont-elles consacré un article.

Sur la rive droite, au-dessus de la colline, à travers un massif d'arbres, s'élance le clocher champêtre de Notre-Dame-du-Parc, seul débris d'un temple rustique qui tombe en ruines, et près duquel se signe toujours l'homme des champs qui fréquente ce sentier. Un peu plus loin est le château de Montigny, dont les hêtres épais et touffus nous cachent la moderne structure. Là repose un chancelier de France, celui-là même qui contresigna la charte de Louis XVIII. Depuis vingt-cinq ans, il dort à l'ombre d'une église de campagne; mais le souvenir de ses vertus vit toujours dans le cœur des villageois.

C'est que la famille Dambray est la providence de ce pays. C'est elle qui a conservé la petite chapelle de Saint-Crespin, que nous laissons sur notre gauche, modeste sanctuaire entouré d'une haie d'aubépines et fraîchement assis sur un tapis de verdure. De là, nous apercevons le château de Longueville, dont la masse ruineuse pèse encore sur la colline de tout son poids séculaire. Salut à l'antique demeure des Giffard de Buckingham et de la duchesse de Longueville.

LONGUEVILLE.

« Il n'y a pas vingt ans, écrivait M. Vitet, en 1832, le château de Longueville pouvait passer pour le rival du château d'Arques : son enceinte, il est vrai, était encore plus dégradée; mais je me souviens du bel effet que produisait une énorme tour déchirée par de profondes crevasses, debout au milieu des débris écroulés autour d'elle, et dominant avec majesté, du haut de ses grands fossés, toute l'étendue du vallon. Moins heureuses que celles du château d'Arques, ces ruines sont tombées dans des mains profanes qui les ont rasées jusqu'au sol; la belle tour a été transportée pièce à pièce dans la vallée, et convertie en granges et en moulins [1]!

» Ce château de Longueville méritait pourtant un meilleur sort : sans parler des souvenirs de la Fronde, les noms les plus illustres de notre histoire s'étaient gravés sur ses antiques murailles : Charles V en avait fait don, en 1364, au célèbre connétable Duguesclin, et dans le siècle suivant, en 1443, il avait été donné par Charles VII au bâtard d'Orléans, comte de Dunois. Ainsi deux fois il était devenu comme une récompense nationale offerte à deux guerriers si utiles à la France, si redoutables à ses ennemis. La fondation de ce château remontait, comme celle du château d'Arques, au xie siècle, et il était cons-

---

[1] Au nom du bon goût et pour l'honneur de notre pays, nous ne pouvons nous empêcher de protester contre les constructions mesquines et parasites dont le propriétaire actuel du château de Longueville, charge chaque jour ce vénérable débris des temps chevaleresques.

truit à peu près dans le même système de maçonnerie et d'architecture. Son fondateur fut un des compagnons de Guillaume-le-Conquérant, Gautier Giffard, lequel reçut pour sa part du butin le comté de Buckingham, et devint ainsi, dans les deux pays, le premier du nom de deux illustres maisons. »

Pendant que je vous raconte les ruines du château de Longueville, — que Châteaubriand visitait encore en juillet 1847, juste un an avant sa mort, — notre locomotive s'est arrêtée à la dernière station du chemin de fer de Dieppe. A droite et à gauche, vous voyez une clôture de murailles, une grande porte qui annonce une entrée jadis solennelle; vous demandez ce que c'est. Nous sommes dans l'enceinte de l'ancienne abbaye de Longueville, dont voici le monastère transformé en filature. L'embarcadère occupe presque la place de l'église.

Arrêtons-nous, car nous foulons aux pieds les cendres des héros. Dans cette prairie, la Révolution a semé la poussière du fameux Gautier Giffard, comte de Buckingham et de Longueville, l'un des plus braves Normands de la conquête. Ce vaillant homme était mort en Angleterre, le 15 juillet 1102; mais, par un acte de sa volonté dernière, il avait demandé à être rapporté dans sa chère abbaye de Longueville, qu'au jour de sa fondation il avait dotée de sept cents livres de revenu pour douze moines bénédictins de l'ordre de Cluny. Son cénotaphe en pierre se voyait au bas de la nef, au côté gauche du grand portail. Sur un mur orné de peintures à fresques, on avait écrit une splendide épitaphe véritablement digne de ses bienfaits. A côté de lui étaient couchés Agnès de Ribemont, son épouse, et Gautier Giffard, son fils. L'humilité de ces grands hommes relevait encore l'éclat de leurs vertus.

La construction de l'église abbatiale de Sainte-Foy de Longueville avait eu lieu en 1093, et sept cents ans plus tard, elle croulait sous le marteau des démolisseurs. A l'époque de la Révolution, il n'y avait plus que cinq religieux qui n'ont pas fait regretter leur mémoire. Après leur départ, un funeste anathème pesa sur la maison tout entière. Elle fut livrée à un pillage universel : vitraux, boiseries, bas-reliefs, statues, colonnes, livres et manuscrits, tout disparut comme dans un abîme. On détruisit par enchantement un édifice qui ferait aujourd'hui la gloire de Longueville.

Un archéologue d'Agen, M. l'abbé Barrère, nous écrivait, en 1850, pour nous demander ce qu'étaient devenus des bas-reliefs en pierre de l'époque romane qui, dans la vieille abbaye de Sainte-Foy de Longueville, représentaient et la sainte martyre de l'Agenais et la vie de saint Caprais, le premier évêque de cette contrée. Un vieux manuscrit lui avait appris l'existence de ce monument historique dont notre pays a perdu jusqu'au souvenir. M. l'abbé Barrère fera bien de conserver précieusement son document écrit, car notre document lapidaire paraît avoir disparu pour toujours.

Sous le sanctuaire étaient des caveaux où la mort fit descendre les Masquerel d'Hermanville, les Louvel du Mesnil, les Maillard de Lamberville et les Vauquelin du Bec. Eh bien! tous ces cercueils furent brisés et enlevés en 1846, lorsqu'on fit couler dans l'enclos un bras de la Scie pour tourner la roue d'une usine. Sépultures et fondements disparurent alors. L'herbe fut impuissante pour les cacher.

Si vous voulez savoir ce que sont devenues les dalles tumulaires qui protégeaient les prieurs, les châtelains et les bienfaiteurs du monastère, allez dans l'église paroissiale, où quelques-unes ont trouvé un refuge; allez dans le Musée de Rouen, où M. Deville a recueilli deux chevaliers du xive siècle, en les rachetant des mains des maçons et des épiciers. Dernièrement encore, notre savant ami a été assez heureux pour sauver du naufrage la pierre tombale de Drogon de Trubleville, chanoine de Rouen et protecteur des arts au xiie siècle. Cet homme généreux, qui avait donné à la métropole la belle châsse de saint Sever, qui avait enrichi l'abbaye de Longueville, avait voulu dormir dans le cloître de cette maison qu'il avait beaucoup aimée. On croyait sa tombe perdue pour toujours, lorsqu'en septembre 1847, M. Deville la découvrit dans la maison d'un épicier, dont elle formait le balcon. Il acheta cent francs ce dernier souvenir d'un homme de bien.

Naguères celui qui eût pris la peine de parcourir les maisons du village et d'interroger le seuil des portes, eût trouvé devant les cafés et les boutiques des pierres tombales entières ou sciées par morceaux. Devant une pharmacie, j'ai lu long-temps ces deux mots :

« Cy gist demoiselle Isabel.... »

Voilà pourtant tout ce qui restait d'Isabelle d'Eu, comtesse de Longueville, épouse de Geoffroi Marcel, châtelain de Longueil, gouverneur de Pontoise, tombé à la bataille de Poitiers. Pauvre châtelaine, elle croyait peut-être qu'une vie toute de bienfaits suffisait pour lui assurer, du moins, la jouissance de son tombeau. Hélas! elle ne savait pas que le temps dévore jusqu'à la pierre; la vertu seule survit à la mort.

Comme on le voit, la pauvre abbaye de Longueville a été détruite pièce par pièce. Toutes les maisons du village ont été bâties avec ses démolitions. La même chose s'est vue à Saint-Wandrille. Autrefois, les moines de

Fontenelle bâtirent leur premier monastère avec les pierres tuffeuses du théâtre de Lillebonne. En 1583 les Minimes de Dieppe élevèrent leur église avec les matériaux du vieux château de Hautot-sur-Mer, et maintenant les industriels du xix° siècle bâtissent leurs usines avec la pierre des monastères; ainsi donc, tout passe dans ce monde, les châteaux comme les abbayes ! Le vent du siècle est à l'industrie ; eh bien ! c'est avec les pierres des donjons et des églises que l'on fait des fabriques et des manufactures; ainsi la face de la terre se renouvelle sans cesse, car, ici-bas rien ne s'élève que pour tomber, rien ne vit que pour mourir.

Vaudreville — Dénestanville. — Crosville. Anneville.

En sortant de Longueville, nous laissons à côté de nous une filature qui a succédé à la petite église de Notre-Dame-de-Vaudreville. L'image placée sur la porte attirait la vénération des peuples. Là était un hôpital fondé par le châtelain de Longueville, dont on a perdu jusqu'au souvenir. Le cintre en grès qui sert de principale entrée à la filature est l'ancien portail de l'église de Saint-Ouen-Prend-en-Bourse, brûlée et démolie en 1798. Il est donc vrai que rien ne se perd.

Nous passons près d'une tranchée profonde où l'on a découvert un banc de tuf, vieux calcaire qui servit autrefois à construire toutes nos églises du xie siècle.

Au point où nous sommes, nous franchissons la plus belle portion de la vallée de la Scie. Rien de plus champêtre, rien de plus varié que ces quatre villages que nous allons traverser à toute vapeur. Ces modestes églises, avec leurs flèches d'ardoises, semblent placées tout exprès pour égayer ce paysage. Ici, c'est Dénestanville, dont le chœur ogival renferme le tombeau des anciens seigneurs. La châtellenie s'appuyait sur des mottes de prairies qui servent maintenant à la pâture des troupeaux. Nous recommandons aux artistes le baptistère de Dénestanville; c'est un joli morceau de la Renaissance digne de figurer dans un musée.

Dénestanville, mort comme paroisse depuis la Révolution, pourra bien un de ces jours sortir de ses ruines. Voyez-vous s'élever autour de l'église cette usine avec ses magasins et ses ateliers. C'est tout un village. Ceci est l'avenir de Dénestanville et un des premiers bienfaits de cette voie ferrée sur laquelle nous glissons. Ces colons de l'industrie, qui se groupent ici, n'auront rien de plus pressé que de rouvrir l'église, car, sans elle, tout serait muet autour d'eux.

Plus loin, c'est Crosville, au milieu d'un riant bocage,

sur le bord d'un grand chemin. Cette humble chapelle anime par sa présence les chaumières d'alentour. Les religieux de Saint-Ouen de Rouen en étaient les seigneurs-patrons. On trouve encore dans l'église la tombe du receveur de l'abbaye. Puis, voici l'église d'Anneville, si proprement tenue par ses curés. Ici, nous trouvons saint Valery, l'apôtre des rivages de la mer, qui peut-être a évangélisé ces contrées. Tout-à-l'heure, nous allons rencontrer son disciple saint Ribert, à Charlesmesnil.

CHARLESMESNIL.

Cette fontaine entourée de murailles et surmontée d'une croix, que vous apercevez au pied de la colline, où M. Reiset a bâti son pavillon d'Ecorchebeuf, c'est la fontaine de Saint-Ribert, visitée jour et nuit par de pauvres pèlerins. C'est là que le pieux missionnaire du VIIe siècle a baptisé les premiers chrétiens de ces contrées. Charlesmesnil, Torcy-le-Grand et Quiévrecourt, près Neufchâtel, sont les trois principaux points de la mission évangélique de ce chorévêque, et ils ont gardé tous trois les baptistères de leur premier apôtre. Sorti du monastère de Leuconaüs, aux bouches de la Somme[1], saint

---

[1] Aujourd'hui Saint-Valery-sur-Somme.

Ribert est venu, dit-on, mourir à Montérolier, aux sources de la Varenne.

Près de la *baignerie* de Saint-Ribert, s'éleva en 1402, la collégiale de Charlesmesnil. Jean d'Etoutteville, châtelain de ce lieu, en fut le fondateur. Une charmante église fut construite par le pieux et puissant chevalier ; elle était garnie de vitraux, riche de cloches, de statues et d'inscriptions. La Révolution l'a tellement démolie, qu'on en chercherait en vain la place. Les maisons que vous apercevez, et qui forment le modeste hameau que nous traversons, ce sont des menses canoniales ; les demeures du doyen, du chantre, du trésorier et de l'écolâtre sont devenues des chaumières de tisserands. De toute l'église, il ne reste plus qu'un fragment de la statue de sainte Catherine, patronne de la collégiale.

Il y avait encore, à Charlesmesnil, trois ou quatre chanoines, en 1790. L'un d'eux s'occupait de physique et avait une machine électrique dont le souvenir s'est conservé dans le pays. Le seul chanoine qui ait laissé un nom scientifique est M. Sanson, ami de Richard Simon, et qui nous a laissé une notice sur le célèbre oratorien insérée dans le *Journal de Trévoux*, de 1714, et dans le *Journal de la Haie*, de 1716.

Trois pas plus loin, vous voyez dans la tranchée d'épaisses murailles, c'est le vieux château de Charlesmesnil que nous traversons et dont la motte et le donjon nous servent de viaduc. Voilà ce qui s'appelle faire du neuf avec du vieux. Accordez un souvenir aux preux qui dorment sous ces remparts, car soyez sûrs que de vaillants défenseurs sont tombés dans ces fossés lorsqu'en 1442 Talbot l'enleva aux Cauchois révoltés contre la tyrannie des Anglais. Mais que votre cœur tressaille de joie en apprenant que sur la colline boisée qui domine nos têtes, le brave général Démarest battit, en 1415, le roi Henri V qui fuyait d'Harfleur vers Calais. Aussi, le fidèle capitaine a voulu donner au théâtre de sa victoire le nom du roi son maître, et Charles VI passe pour avoir été, par procuration, le parrain de Charlesmesnil, qui s'appelait auparavant le *Mesnil-Haquet*.

—

SAUQUEVILLE.

De la collégiale de Charlesmesnil à celle de Sauqueville, il n'y a qu'un pas. Le chemin de fer a traité aussi inhumainement l'une que l'autre; il passe impitoyablement sur leurs débris, il ensevelit sous ses vastes remblais jusqu'à la place des châteaux et des monastères.

Cette pauvre collégiale, que nous regrettons encore, semble s'être retirée à propos pour faire place à ce fier enfant du xixe siècle. Elle fut démolie en 1825, non par des révolutionnaires, mais par un gentilhomme du pays qui construisit avec ses restes la filature que vous voyez à votre droite. Personne, excepté quelques pauvres paysans, n'a songé même à la protéger. Les héritiers des Manneville, dont cette église était la sépulture, ont gardé un honteux silence. Là, pourtant reposent, dans des caveaux, les comtes de Manneville, anciens gouverneurs de Dieppe, qui ont défendu la ville contre ses ennemis. Leurs cercueils de plomb sont ensevelis sous le rail-way ; nul n'a songé à les exhumer. Les pierres tombales de ces vaillants défenseurs du pays, de ces gouverneurs de Dieppe, de Caen et de Pontoise, gisent derrière des poulaillers, et personne ne pense à les placer honorablement dans une église [1].

La collégiale de Sauqueville, fondée au XIIIe siècle par Jourdain de Sauqueville, était un fort beau monument

[1] Le croirait-on, tandis que des roturiers, des enfants du peuple, des hommes sans nom s'occupent sans cesse de réhabiliter le moyen-âge, de raviver les vieux souvenirs, d'honorer et de consacrer le passé, des hommes, au contraire, dont le nom et l'histoire remplissent tout ce passé, semblent le dédaigner et le mépriser profondément, Dernièrement les Mortemart, les Crillon et les d'Havaray, héritiers des sires de Manneville, ont vendu non-seulement la terre de Manneville et le manoir y attenant, mais encore jusqu'au mobilier et aux tableaux. Parmi ces derniers se trouvait un portrait de M. Asselin de Fresnelle, peint par Hyacinthe Rigaud en 1715, qui a été acheté six francs chez un fripier de Dieppe, par un amateur de notre ville.

que les peuples regrettent encore. On n'imaginerait jamais comment, en 1824, on a pu lui préférer la chétive église de Saint-Aubin, près de laquelle nous allons passer. Il est bon de raconter ici cette histoire pour l'édification de la postérité :

Les deux communes de Sauqueville et de Saint-Aubin étaient en querelle et cherchaient à maintenir chacune leur église, afin de conserver leur existence communale et paroissiale tout à la fois. L'administration civile ne l'entendait pas ainsi. Elle voulait fondre ces deux sections et renoncer surtout à l'entretien de deux édifices communaux. En vain, un homme intelligent et généreux, M. Jules Delamarre, proposa de couvrir l'église à ses frais : on refusa son offrande. L'administration envoya un expert sur les lieux pour juger quelle était la plus ancienne des deux églises de Sauqueville ou de Saint-Aubin. La bureaucratie, à part tout intérêt artistique, faisait de la question d'antiquité une question de vie ou de mort. Le diplomate, chargé de cette mission de confiance, se contenta de lire, à l'entrée de chaque église, le chiffre que le menuisier avait placé sur le bois de la porte. Par malheur, le portail de Sauqueville avait été raccommodé dix ans après celui de Saint-Aubin. La sentence fut portée en vertu de cette pièce unique : on conserva la grange et l'on vendit la basilique.

Saint-Aubin-sur-Scie. — Appeville-le-Petit. — Pourville.

L'église de Saint-Aubin-sur-Scie n'a guères à présenter que la rose de grès qui surmonte son portail et une croix de pierre qui vient de Sauqueville ; hors cela, elle est la plus pauvre du monde. Sur le coteau qui la domine, est le beau château de Miromesnil, splendide construction du temps de Louis XIII, où mourut, le 6 juillet 1796, le vertueux marquis de Miromesnil, cet ancien garde-des-sceaux de Louis XVI. « Là, dit M. Vitet, vous trouvez les proportions de Versailles avec la végétation de la Normandie. » En face, sur le coteau opposé, est l'église d'Offranville, que vous pourrez visiter pendant votre séjour à Dieppe. C'est un monument du xvie siècle, qui n'a plus que quelques restes des belles verrières qui l'enrichirent autrefois. Vous y admirerez encore la Pentecôte et la Création du monde. La chaire méritera un de vos regards ainsi que le vieil if du cimetière, qui a près de six mètres de circonférence.

Sur le flanc de la colline qui encaisse la vallée du côté de l'Orient, vous voyez serpenter un magnifique chemin construit selon les règles les plus modernes de la voirie. C'est la route impériale numéro 27, pour laquelle on a, en 1846, aplani la côte de Saint-Aubin, autrefois si dangereuse et si redoutée des voyageurs. Au mois de décembre 1853, vers le milieu de cette côte, un peu au-dessus du hameau du *Plessis* que nous touchons, et un peu au-dessous de celui des *Vertus* dont nous apercevons la cîme des arbres sur la hauteur, on a trouvé un cimetière franc que nous avons exploré, malheureusement un peu trop tard. Cependant, nous y avons encore reconnu huit ou dix fosses, contenant autant de squelettes. Chaque corps possédait un vase aux pieds, et quelques-uns nous ont offert des couteaux et des boucles en fer. Un de ces corps, celui d'une jeune femme, nous a montré une paire de boucles d'oreilles de bronze, avec des pendants ornés de verroterie de couleur, des perles de verre et d'ambre ornant les cheveux, et un joli collier de 54 perles vertes et jaunes passé au cou. Les ouvriers avaient détruit avant nous le plus grand nombre de ces curieuses sépultures.

Mais déjà, pendant que nous causons, on vient d'apercevoir, à travers les sinuosités de la vallée, le frais bosquet du Petit-Appeville, humble hameau dont la tempête va bientôt renverser l'église sur la tombe des vieux archers dieppois qui dorment dans ce sanctuaire désert. Avant d'entrer dans le tunnel de 1,600 mètres qui nous ouvre la porte de Dieppe, accordez un regard à l'embouchure de cette Scie que nous avons vue naître dans un jardin, qui a été long-temps la compagne de notre voyage, et qui va maintenant se perdre dans l'Océan. Elle se jette à la mer au hameau de Pourville, pauvre et nu comme le désert. Là, pourtant, débarqua, en 1305, Jacques Molay, grand-maître des Templiers, lorsqu'il revint d'Orient pour mourir sur un bûcher de Paris. Là aussi, dit la tradition, débarqua saint Thomas de Cantorbéry, lorsqu'il se réfugiait en France ; mais n'y croyez pas, malgré le patronage et les pèlerins.

Pendant que nous sommes dans une nuit obscure, il faut que je vous dise que nous passons sous le hameau de Janval, ancienne léproserie dieppoise, fondée par Guillaume-le-Roux, roi d'Angleterre et duc de Normandie. C'est là que quelques-uns font mourir de la lèpre, en 1164, Guillaume, comte de Mortain, fils de l'impératrice Mathilde et frère du fameux Henri Plantagenet.

Nous retrouvons le jour dans la tranchée de Saint-Pierre-d'Épinay où se sont rencontrés, en janvier 1847, un cimetière franc et plusieurs tombeaux en pierre de Vergelé, que nous plaçons entre le VIIe et le IXe siècle de notre ère. C'étaient peut-être les premiers propriétaires des salines de Bouteilles et des mares d'Épinay, si célèbres au moyen-âge et si riches par leurs productions. Ces salines sont devenues aujourd'hui une magnifique prairie.

Nous passons près d'une motte que l'on appelle *la Butte*

des Salines, parce qu'elle se rattache, dit-on, à l'ancienne industrie du sel qui couvrait la vallée où nous sommes. Mais il serait plus curieux d'interroger ce mystérieux *tumulus* que de répéter sur son compte de banales traditions. A coup sûr, il renferme dans ses flancs la réponse à bien des questions curieuses. Nous espérons le faire parler un jour.

DIEPPE.

Avant d'entrer dans la ville qui vient de nous apparaître, à l'extrémité de la vallée, jouissons un moment du nouveau panorama qui nous est offert.

A droite, la vallée s'enfonce pour se diviser ensuite en trois autres vallées dont nous voyons les ouvertures à l'horizon.

Au débouché de la Varenne est le château d'Arques, l'antique gardien de ces lieux, quand ils étaient inondés par la mer et ravagés par les barbares. Ce vieux débris d'une civilisation disparue a vu passer Guillaume-le-Conquérant, Philippe-Auguste, saint Louis, Charles-le-Téméraire, Henri IV, Louis XIV et Napoléon. A ses pieds s'abrite l'église, riche de ses sculptures sur bois et sur pierre, et le bourg jadis le siège de nombreuses juridictions féodales.

Au bord de l'épaisse forêt qui couronne les collines de la vallée de la Béthune, vous voyez une pointe de coteau toute nue où s'élève une colonne de granit. C'est le *Champ de Bataille* d'Arques, où le père des Bourbons a vaincu le chef de la Ligue. Après vient la vallée de l'Eaulne, célèbre par ses sépultures mérovingiennes; puis les côtes d'Etran qui gardent encore dans leurs cavées la place du canon de Mayenne.

Enfin, en face de nous est Neuville qui nous montrait naguères son cimetière gallo-romain; Bonne-Nouvelle dont le sol est jonché d'habitations antiques; la Tour de Jérusalem, dernier souvenir des chevaliers du Temple et de la léproserie placée sous leur protection; le Pollet avec son église, sa caserne et ses abattoirs, monuments sans style et sans caractère, que l'on prendrait volontiers l'un pour l'autre. La population de ce faubourg a perdu sa vieille physionomie comme le pays lui-même a vu tomber ses forts et ses bastilles. Plus près de nous, c'est la *Retenue* avec ses parcs aux huîtres; le Cours-Bourbon, tronçon d'un canal gigantesque qui, commencé depuis un siècle, ne sera jamais terminé. Enfin, c'est la ville elle-même avec son port, ses bassins, ses navires, ses maisons, ses hôtels, ses dômes, ses clochers et la masse imposante de son vieux château.

Enfin, voici l'embarcadère de Dieppe, construction élégante qui rappelle celle de la rue Verte, à Rouen, dont elle est une copie. Des *omnibus* sont disposées pour nous conduire en ville où de beaux et nombreux *hôtels* se disputeront l'honneur de nous recevoir. Tout le monde loge des étrangers à Dieppe; la cité tout entière n'est qu'une vaste hôtellerie.

Prenons un instant de repos et faisons ensuite notre visite à la ville et à ses monuments.

Dieppe a l'air d'une ville neuve. Au premier aspect, on ne donnerait pas cent ans à cette fille de Charlemagne. C'est qu'elle a été rajeunie, il y a 160 ans, après le bombardement de 1694 qui l'a réduite en cendres. Aussi, on ne trouve pas ici ces maisons de bois, ces vieilles arcades, ces galeries, ces cloîtres mystérieux qui caractérisent les villes du moyen-âge; mais gardez-vous de croire que la ville soit dépourvue de souvenirs ou de monuments; elle en possède, et des plus intéressants.

Le plus beau de tous, celui qu'il faut visiter tout d'abord, c'est l'église Saint-Jacques. Dans ce curieux monument, nous trouvons un spécimen de toutes les variétés de l'ogive. Les transepts sont du XIIe siècle, la nef du XIIIe, le portail et le clocher du XIVe, les chapelles du XVe, le chœur, la tour du portail, le Trésor et la chapelle de la Vierge sont du xvie et de la Renaissance.

La tour carrée est un peu lourde et manque peut-être d'élégance, mais depuis deux ans que sa balustrade terminale a été restaurée, elle a repris une meilleure physionomie. Cette tour, le plus bel ornement de la ville, doit plaire singulièrement aux Anglais, car elle leur rappelle les clochers de leur patrie, presque tous terminés en plate-forme dans le style allongé du temps des Tudors.

Le grand portail de l'église, tout entier du xive siècle, est d'une rare élégance. On peut l'apprécier mieux depuis les restaurations de 1845.

Le gouvernement a dépensé dans cette église 200,000 fr. depuis 1834 jusqu'en 1853. La dernière réparation est celle du chœur, exécutée en 1851 et en 1852. Quatre grands piliers ont été repris en sous-œuvre, parce qu'ils avaient foulé et que ce tassement menaçait l'église. Cet ébranlement provenait sans doute des projectiles du bombardement de 1694 ; mais il avait été déterminé parce que ces piliers avaient été creusés pour le jeu des *Mitouries*. Puisse le gouvernement, qui a tant fait pour cette église, ne pas s'arrêter en chemin !

Nous recommandons à l'attention des voyageurs les voûtes du chœur magnifiquement raméfiées, mais dont on a si malheureusement descendu les pendentifs en

1814 ; les bas-reliefs du Trésor, que l'on dit être un *ex-voto* des navigateurs dieppois ; toujours est-il que c'est une énigme donnée aux savants et aux archéologues ; l'escalier en bois que renferme dans son intérieur ce curieux Trésor — qui, hélas! ne l'est plus que de nom, car les riches reliquaires et les beaux ornements en ont disparu, — cet escalier, dis-je, conduisait à la chambre du prédicateur, nom touchant qui prouve combien nos pères tenaient aux enseignements de la chaire chrétienne. Cette boiserie de la Renaissance où figure, dit-on, François Ier, est le plus ancien morceau de hucherie et presque le seul que possède Dieppe.

Après le Trésor, vous admirerez encore la chapelle ou passage des Sybilles qui vient d'être rendue au culte et qui est devenue le baptistère de la paroisse. Dans les douze niches que renferme ce porche furent autrefois les douze Sybilles, ces prophétesses des païens qui forment le péristyle du Christianisme. Vous verrez aussi avec plaisir la chapelle du Sépulcre, dont la *Société de la Bonne Mort* vient de faire rétablir l'admirable balustrade de clôture : elle ressemble à une vigne de la Passion.

La chapelle qui surpasse toutes les autres par le fini du travail, c'est celle de la Sainte-Vierge ou du *Rosaire*. Toute mutilée qu'elle est, elle n'en est pas moins une des merveilles de l'art catholique en France. Est-il quelque chose de plus élégant et de plus finement découpé que ces niches de pierre que l'on croirait plutôt de dentelle A la base de chacune d'elles, vous verrez sculptés deux mystères de la vie de Marie.

De 1853 à 1855 cette chapelle a été enrichie de trois belles verrières dignes des anciennes et sorties des ateliers de M. Lusson, verrier de Paris, le restaurateur de la Sainte-Chapelle. Ces trois magnifiques tableaux de verre ont été donnés par la *Société du Rosaire* et ont coûté près de 15,000 fr. Ils reproduisent : celui du fond, *la mort et le couronnement de la Vierge Marie;* celui du nord, *la prise de la bastille du Pollet* par Louis XI encore dauphin, en 1443, et la *procession de ce prince pour accomplir son vœu fait pendant la bataille;* celui du midi, *la vision de Pie V le jour de la bataille de Lépante et le triomphe de don Juan d'Autriche à Rome*, après cette célèbre victoire qui arrêta pour toujours les progrès de l'islamisme.

Nous dirons d'abord que ç'a été une heureuse idée d'avoir consacré par la peinture sacrée un fait historique et religieux tout à la fois ; mais nous ajouterons immédiatement qu'il n'a pas été moins méritoire d'y reproduire avec autant de magnificence le plus beau titre que possède le Saint-Rosaire à la vénération des peuples civilisés et chrétiens.

Vous admirerez aussi le zèle des bons marins dieppois

qui ont créé depuis dix années, et au prix de 12 à 15,000 fr., la jolie chapelle de Bon-Secours; enfin vous accorderez un souvenir à Richard Simon et à Jehan Ango qui dorment dans cette église. Nous avons été assez heureux pour faire placer derrière le chœur deux inscriptions commémoratives qui ravivent le souvenir de ces deux grands hommes. La première table de marbre a été posée par la fabrique en 1849; la seconde par la Chambre de Commerce, en 1850.

Citons comme dernière richesse entrée dans cette église les quarante stalles de chêne, sculptées dans le style du xve siècle. Toute cette vaste boiserie provient d'un seul et unique chêne excru dans une forêt du Hainaut et acheté 2,000 fr. par M. Leroy, menuisier-sculpteur à Rouen. C'est cet artiste qui a exécuté les stalles pour la modeste somme de 6,000 fr. et qui les a posées en 1855.

L'église Saint-Remy est loin d'être aussi intéressante. Fondée en 1522, par Thomas Bouchard, elle ne fut achevée que vers 1640. Elle a mis cent vingt ans à devenir ce qu'elle est; c'est beaucoup trop pour si peu de chose. Cependant elle n'est pas sans intérêt pour un vrai connaisseur, car elle lui fait voir un de ces champs de bataille où le plein-ceintre moderne eut à lutter contre l'ogive. Elle est la plus jeune des deux églises, et pourtant elle est la plus ruineuse. Le portail, qui croule, est une œuvre du temps de Louis XIII, la chapelle de la Vierge est du règne de François Ier, deux époques bien différentes pour les arts.

Cette église renferme les tombes de quatre gouverneurs de Dieppe : MM. de Sygogne père et fils, de Chattes, et de Montigny. Deux d'entr'eux, Sygogne, le père, et Aymar de Chattes, méritent d'être comptés parmi les grands hommes de la France. On trouve aussi dans cette église quelques bonnes toiles de Lemarchand, le plus grand peintre dieppois. On y verra avec plaisir le beau vitrail des évangélistes, exécuté avec soin par M. Lusson, verrier de Paris.

L'ancien Saint-Remy était en côte, là où est aujourd'hui le château. Sa tour, du xive siècle, s'est fondue avec celles de la forteresse, et elle est un des meilleurs ornements du du vieux fort. C'était la première et autrefois la seule église de Dieppe. Saint-Jacques n'est devenu paroisse qu'en 1282. Saint-Remy, au contraire, est cité dès 1030, aussitôt que l'histoire fait mention de la ville.

A présent montons au château, bâti en 1433 par les communes du pays de Caux révoltées contre les Anglais. Là s'est retirée, un jour de 1650, la duchesse de Longueville, l'héroïne de la Fronde, quand elle essaya de soulever Dieppe et la Normandie contre l'autorité royale. On vous montrera peut-être la fenêtre par où elle descendit dans le fossé pour se sauver à Pourville et de là en Hollande.

C'est de la terrasse du château que je veux vous faire voir Dieppe, dont l'œil découvre d'ici le panorama le plus complet.

A votre gauche est la mer, souvent couverte de bateaux pêcheurs aux voiles noires et parfois sillonnée par des navires de commerce aux voiles blanches.

Devant nous, entre la ville et la mer, est la plage, composée d'abord d'un perrey formé avec une masse de cailloux tombés des falaises et roulés par les vagues, et d'une large couche de sable fin, sur lequel s'étalent les flots et se roulent les baigneurs ; puis d'une vaste pelouse qui, hier encore, était une verdoyante prairie. Cette plage, unique dans son genre, a frappé les yeux de LL. MM. l'Empereur et l'Impératrice des Français, pendant le court séjour qu'ils ont fait à Dieppe, en 1853. Leur volonté souveraine a voulu la transformer en jardin, et elle s'est transfigurée comme par enchantement. On va même jusqu'à dire que Sa Majesté l'Impératrice a tracé le plan du nouveau parc de sa main accoutumée à faire le bien. A leur voix souveraine des centaines d'ouvriers sont accourus et ont fait disparaître les vieux retranchements, les corps-de-garde, et les batteries élevées par la République et l'Empire.

Malheureusement on a démoli aussi les trois tours rondes construites en 1744 et qui servirent de batteries pendant la guerre de Sept-Ans et de poudrières pendant la Révolution. Les casemates et les embrâsures du rez-de-chaussée, à l'épreuve de la bombe, étaient une construction remarquable et curieuse de ce temps-là; à coup sûr elles n'étaient pas belles au dehors, mais elles avaient plus de cent ans, et elles donnaient un cachet à la plage, qui n'en a plus et qui reste nue comme un steppe du désert.

Il était possible de conserver ces tours et d'en faire un des ornements du jardin que l'on créait. On pouvait changer l'appareil et lui donner l'aspect des mosaïques et des marqueteries du xvie siècle. Le sommet surtout pouvait être ou couronné de créneaux ou surmonté de toits pointus formés avec des tuiles à teintes variées et enfin rehaussé d'épis en plomb et de girouettes blasonnées. A coup sûr, tout cela eût été plus beau que la nudité d'aujourd'hui. Il est fâcheux que les personnes qui approchaient de nos illustres hôtes ne leur aient pas soumis ce conseil.

Nous doutons que l'Angleterre, qui compte trente tours rondes comme les nôtres, à l'entrée de la baie de Pavensey, consentît à les démolir aussi lestement. Là on respecte les vieux souvenirs. A Dieppe les vieilles tours ont été vendues, au seul regret de l'antiquaire, pour le prix de 5 fr. chacune. C'était pour dire qu'on ne les donnait pas. Pauvres tours! Nous serons probablement leur seul Jérémie!

C'est ainsi que tout disparaît à Dieppe. Aussi la ville a un aspect de nouveauté qui dessèche l'âme. Vous ne voyez plus même un pan de ces vieux murs de quatre mètres d'épaisseur qui fermaient la ville vers la mer; les anciennes portes sont tombées ou s'en vont tous les jours. En 1843 on a démoli la porte Sailly; en 1848 on a enlevé la butte du Moulin-à-Vent, et en 1850 on a vendu la porte du Port-d'Ouest qui peut être démolie d'un jour à l'autre, puisqu'elle est propriété particulière.

Alors donc que restera-t-il? Les bains. En effet, Dieppe ne vit que pour eux et par eux. Vous les voyez, ces bains fameux, se dessiner à vos pieds, comme une ville d'Orient, avec leurs pavillons, leurs galeries, leurs salons, leurs tentes, leurs ateliers, leur bazar, leurs jeux et leurs jardins plantés d'arbustes et semés de gazon. Fréquentés d'abord, en 1813, par la reine Hortense, ils ont été mis à la mode, de 1824 à 1830, par Mme la duchesse de Berry, Caroline de Bourbon, qui un moment leur prêta son nom. Depuis ils ont reçu un nouveau reflet de gloire de la présence de S. M. l'Empereur Napoléon III et de sa gracieuse épouse l'Impératrice Eugénie.

L'ancien édifice, construit en bois et un peu prosaïque, avait été élevé en 1822. Reconnu insuffisant pour le présent et pour l'avenir, il a été démoli à la fin de 1856.

Au moment où nous traçons ces lignes (mai 1857), on élève, avec une activité dévorante et presque inconnue à Dieppe, ce palais des baigneurs. Dans ce Versailles de la mer, où le bois, la pierre, la terre cuite, le fer, la fonte, le plomb, le zinc et le verre entrent de concert et avec tant d'harmonie, ce que l'on devra peut-être le plus admirer, c'est que ce soit l'œuvre d'une seule année. Que de perfectionnements dans l'industrie humaine les siècles ont dû accumuler pour arriver à un pareil résultat! On nous permettra de ne pas nous prononcer en critique sur une œuvre encore inachevée et dont le dernier coup de pinceau pourra seul donner le dernier mot; mais ce que nous ne craignons pas d'assurer d'avance, c'est que l'établissement municipal de Dieppe sera le premier édifice thermal de l'Europe.

Dieppe accède à ses bains par la vieille porte du Port-d'Ouest, dont vous apercevez les tours pointues. Là fut autrefois un port où l'on virait les bateaux. Le port actuel n'était, au XIe siècle, qu'un havre naturel, inaccessible aux navires.

A la place de ce port antique, où l'on portait à bras les barques de pêche, vous voyez maintenant une porte flanquée de deux tours, seul reste de l'enceinte murée; un théâtre bâti en 1826 par M. Frissard, à la place d'un abreuvoir creusé par les Huguenots en 1562; l'établissesement des bains chauds où naquit le fameux Albitte, conventionnel et régicide; la salle des bals et concerts, qui remplace un couvent de Bénédictines, et enfin l'Hôtel-de-ville, élevé sur l'ancienne résidence des Jésuites. En 1853, ce modeste édifice a été transformé en palais impérial, et pendant vingt jours (du 20 août au 10 septembre) il a été la résidence de Napoléon III et de l'Impératrice Eugénie, comme il avait été un jour seulement celle de Napoléon Ier et de Marie-Louise. La duchesse de Berry en avait fait aussi sa demeure pendant plusieurs années.

L'Hôtel-de-Ville renferme la bibliothèque publique, dont le conservateur, M. Feret, est un des archéologues distingués de la Normandie. On y trouve de huit à dix mille volumes imprimés et plusieurs manuscrits concernant l'histoire de Dieppe. Nous citerons de préférence le *Cueilloir* ou *Coutumier,* rédigé en 1396 par Jacques Thieulier, prestre, d'après les ordres de Guillaume de Vienne, archevêque de Rouen; les *Antiquités de la ville de Dieppe,* écrites par le prêtre Asseline, en 1682; et les *Mémoires* du prêtre Guibert terminés en 1762. L'antiquaire y verra avec plaisir quatre dessins représentant la villa romaine de Sainte-Marguerite, des urnes, des vases, des haches en silex, trouvés au Camp-de-César, à Bracquemont, à Luneray, à Caude-Côte et à Neuville-le-Pollet.

En face de nous, nous voyons s'allonger les toîts de tuiles si tristes et si sombres de l'église de Saint-Remy ; son dôme d'ardoise de 1750 et sa flèche en hache, montée en 1630. Entre elle et nous, s'élançait encore, il y a quelques années, le petit dôme d'ardoise de l'ancien couvent des Carmes, fondé en 1674 et brûlé le 15 mai 1850. Dans le vide créé par les flammes doit s'élever, dit-on, une caserne de douaniers, singuliers successeurs des enfants du Carmel. Plus loin, dans la rue de la Barre, un dôme de pierre indique le monastère des anciennes Carmélites, fondé en 1615. Leur joli cloître, bâti en 1740, a été transformé en un comptoir et une école de Frères ; et leur chapelle est devenue un temple protestant. Nous engageons l'étranger à visiter ce cloître de 1740 qui a conservé toutes les traditions du moyen-âge.

Suivons des yeux la rue d'Ecosse, l'ancienne *rue des Gués*, et nous y trouverons, à chaque pas, la vieille ville chrétienne. Ce bâtiment carré qui renferme les tribunaux, ce sont les anciens Minimes, fondés en 1582, par le commandeur de Chattes qui y choisit son tombeau. Mais en 1827, son corps fut transféré dans l'église de Saint-Remy, en la compagnie des autres gouverneurs de

Dieppe. Ce petit clocher d'ardoise que l'on aperçoit à peine, c'est l'Hôtel-Dieu, bâti en 1620 pour les pauvres malades et desservi par les sœurs de Saint-Augustin. C'est de là que sont sorties des colonies de religieuses qui ont fondé les hôpitaux d'Eu, de Vannes, de Rennes, de Bayeux, de Vitré, d'Harcourt, de Tréguier, de Fougères, de Québec et de Mont-Réal, au Canada.

Cet autre clocher d'ardoise, plus élevé, que l'on aperçoit un peu plus loin, c'est encore un asile de l'indigence et des infirmités humaines. Là, s'est installé, en 1792, l'Hospice-Général, établi au Pollet en 1668. Il s'est mis à l'aise dans le couvent des Ursulines, fondé en 1616, et supprimé, comme tant d'autres, par la Révolution française. De l'ancien monastère, restent encore de vieilles galeries et une porte sculptée qui conduisait à la chapelle ou à l'école des pauvres.

Mais, avant deux ans, ces deux frêles édifices, enfants d'un autre âge, seront abandonnés par les malades, les sœurs et les vieillards qui iront s'installer dans ce superbe palais que vous voyez s'élever dans la prairie, tout à côté du chemin de fer. Ce Louvre de l'indigence aura coûté un million à la ville de Dieppe, qui, de la sorte, prouvera à la postérité que si d'une main elle élève sur sa plage un féerique palais pour les plaisirs des heureux du siècle, de l'autre elle sait faire sortir de ses prairies un grand et bel hôtel pour les déshérités du monde.

Au milieu des toîts de tuile, qui donnent à la ville un air de vieillesse qu'elle n'a pas, vous voyez s'élever le clocher de Saint-Jacques, géant de pierre autour duquel les maisons s'abritent comme des pygmées. L'aspect de cette tour a quelque chose de majestueux et de sévère qui convient à une ville assise entre deux rochers, sur les bords du sombre Océan. Comme nous l'avons déjà dit, ce couronnement en plate-forme dentelée rappelle singulièrement les clochers de l'Angleterre. Cette tour est évidemment un jalon entre la France et la Grande-Bretagne.

Dans ses larges flancs est suspendue une magnifique cloche, pesant 4,000 kilogrammes, dont l'inscription résume toute l'histoire :

> Katerine je suis nommée,
> Fondue en l'an cinq cent et dix (1510),
> Ma pesanteur à huit mille estimée.

Elle a sonné bien des fois pour annoncer les puys de la Conception et les *mitouries* de la Mi-Août, vieilles fêtes civiques et religieuses, dont il ne reste plus que le souvenir. Elle a sonné aussi pour bien des grands de la terre, depuis François Ier jusqu'à Napoléon III.

Le superbe vaisseau de l'église Saint-Jacques, tout chargé de galeries, de contreforts et d'aiguilles, est assis près d'une grande place où fut martyrisé le prêtre Briche, le 22 avril 1794, et où, le 22 septembre 1844, une foule immense inaugurait, par une fête nationale, la statue de bronze d'Abraham Duquesne, l'enfant de Dieppe et la plus grande gloire de la marine française. C'est que, voyez-vous, cette petite ville, assise à vos pieds, a donné bien des hommes illustres à la France. Parcourez les rues de la cité, et vous y lirez les noms d'Ango, de Cousin, de Parmentier, de Descaliers, de Pecquet, de De Clieu, de Cousin-Despréaux, de Noël de la Morinière, de Richard-Simon, et de Bruzen de la Martinière.

Cette grande rue qui serpente comme un fleuve, depuis le château jusqu'au port, c'est le bazar de la ville; c'est là que vous trouverez ces magasins d'ivoirerie qui, avec la marine, ont fait depuis six siècles la richesse du port de Dieppe.

La Grande-Rue conduit au port, riche autrefois de mille navires, jadis le premier port du commerce, aujourd'hui le premier port de pêche de France. La maison d'Ango, ce roi de la mer, qui fit la guerre aux rois de la terre, ce superbe comptoir où les marchands de l'univers se rencontraient avec les ambassadeurs des princes, a disparu depuis long-temps. Le feu des bombes anglaises l'a dévorée en 1694 Ce fut là un grand malheur, car c'était la plus belle maison de bois sculpté qui existât sur terre, au jugement du cardinal Barberini qui s'écria en la voyant, en 1647 : « Nunquàm vidi domum ligneam pulchriorem. »

Aussi, à la fin du xvie siècle, elle était devenue la demeure du commandeur de Chattes, gouverneur de Dieppe, qui la préférait au château. En 1614, par un traité passé entre le cardinal de Joyeuse, archevêque de Rouen, et le Père de Bérulle, elle devint le premier collège enseignant de l'Oratoire de Jésus. Depuis la Révolution, elle a été transformée en collège communal dont la jeunesse commence à remplir la vaste enceinte. Toutefois nous sommes encore loin du temps où le successeur du cardinal de Bérulle y visitait ses Oratoriens au milieu de 4,000 élèves.

Sur la jetée de l'Ouest, où vous voyez en ce moment se creuser un brise-lame, s'élevait naguères une maison solitaire, aux blanches murailles éclairées par le soleil. Cette maison, c'était un temple consacré au génie de la bienfaisance par la bienfaisance du génie, c'était la maison de Bouzard, ce sauveteur célèbre qui arracha à la mort seize personnes naufragées au bout de la jetée, le 31 août 1777. Tout le monde connaît cette histoire qui a été reproduite dans les journaux, les livres et les gravures. La demeure qui était là avait été bâtie et offerte par Napoléon Ier à la famille du *brave homme,* pour ses

Maison Bouzard, démolie en 1856.

services maritimes. M. Marion, son dernier propriétaire, en avait fait un petit musée, et, le 15 août 1846, il avait inauguré sur la porte le buste du héros de l'humanité pour lequel elle avait été construite.

Cette maison, que l'ennemi de la France eût respectée dans l'incendie de Dieppe, comme Alexandre épargna la maison de Pindare dans le sac de Thèbes, a été impitoyablement démolie, en 1856, par le Génie des Ponts-et-Chaussées, avec l'assentiment de la ville, j'ai la douleur de le dire. Pour nous, qui avons protesté contre cette profanation, nous nous estimons heureux de pouvoir reproduire ici, grâce à la bienveillance de notre *Magasin pittoresque,* une image de cette maison de Bouzard, le dernier reste d'une grande vertu et d'une grande pensée. Il est triste d'avouer que tout, même la vertu, passe ainsi dans ce monde !

Enfin, en face de nous est le Pollet, colonie de marins qui vivent plus sur mer que sur terre et qui abritent leurs barques au pied d'un rocher où Talbot construisit une bastille en 1443. C'est là que Louis XI, encore dauphin, fit ses premières armes, lorsque, le 14 août 1443, il enleva bravement cette forteresse à Talbot, l'Achille de l'Angleterre. Ce fut dans ce combat, dit-on, qu'il contracta cette dévotion à Notre-Dame qui est un des traits caractéristiques de ce roi dans l'histoire.

Tout à côté, sur la même colline, vous apercevez un carré de maisons qui entourent un jardin fermé, c'est l'ancien hôpital de Dieppe, établi ici sous Louis XIV, par lettres-patentes du grand Roi, délivrées en 1668. L'enceinte murée et fossoyée de la vieille ville, obligeait alors à reléguer dans les faubourgs tous les établissements nouveaux qui avaient besoin d'espace.

C'est dans un des jardins de l'ancien hospice que se trouve le célèbre poirier de cueillette, deux fois centenaire, qui naguères rapportait encore 4,000 poires par an. Nous vous engageons à visiter ce doyen des arbres fruitiers, qui a eu plusieurs fois les honneurs de la lithographie et de la gravure et que la Société d'horticulture de Rouen a pris sous son patronage en 1856. On trouve un fort beau dessin de ce poirier dans l'ouvrage de M. Dubreuil, sur l'arboriculture.

Ce même faubourg du Pollet posséda, avant la Révolution, deux maisons religieuses : un couvent de Capucins et un monastère de Visitandines.

Les religieuses de la Visitation, communément appelées les sœurs de Sainte-Marie, ou simplement les Saintes-Maries, furent établies en 1643, sur le bord de la Retenue. Maintenant leur chapelle est détruite et leur maison est devenue une caserne.

Pour les Capucins la transformation est pire encore.

Leur couvent, fondé en 1614, est à présent une prison et une maison d'arrêt.

C'est dans une partie de leur enclos qu'a été commencée, en 1841, la nouvelle église du Pollet, dédiée à N.-D. des Grèves, et bénite en 1849. C'est cette construction à teinte rose que vous voyez là-bas au bord de la Retenue, et qui semble rougir d'elle-même. De toutes les églises construites en France, depuis 1840, celle-ci est probablement la plus mauvaise. Jusqu'ici aucune langue n'a consenti à en faire l'éloge; à coup sûr ce n'est pas nous qui commencerons. Au contraire nous ne trouvons pas d'expression pour qualifier cette agglomération de tous les styles, cette réunion de tous les goûts, cette négation de toutes les idées reçues. Cette bâtisse, c'est un magasin, c'est un entrepôt, c'est un embarcadère, c'est tout ce qu'on voudra, excepté une église. Aussi à ce vice radical et redhibitoire nous ne voyons d'autre remède pour notre pays, le jour où il lui montera un peu de pudeur artistique au front, que de renverser de fond en comble ce monument bâtard et hermaphrodite.

Qui que vous soyez, qui lirez ce livre, visitez cette église et prononcez.

Voilà Dieppe en abrégé. A qui voudra le mieux connaître, nous conseillerons la lecture des ouvrages suivants :

Mémoires chronologiques pour servir à l'histoire de Dieppe, et à celle de la navigation française, avec un recueil abrégé des priviléges de cette ville, par Desmarquets, 2 vol. in-12. Dubuc, 1785. — Assez rare.

Notice sur Dieppe, Arques et quelques monuments circonvoisins, par P.-J. Feret, 1 vol. in-8°. Paris, Tastu, 1824.

Dieppe en 1826, ou Lettres du vicomte *** à mylord ***, par P.-J. Feret. Rouen, Mégard, 1826. — Epuisés.

Promenades autour de Dieppe, vallée d'Arques, le bourg, le château et le champ de bataille, par P.-J. Feret, 1 vol. in-18. Delevoye, 1838.

Histoire de Dieppe, par M. Vitet. La première édition, qui est épuisée, formait 2 vol. in-8°, imprimée à Paris en 1833 ; la seconde, en un seul volume, format Charpentier, a été éditée à Paris, en 1844, par Charles Gosselin. — A peu près épuisée.

Les Eglises de l'arrondissement de Dieppe, par M. l'abbé Cochet. 1 vol. in-8° avec six lithographies par M. de Jolimont, imprimé à Dieppe, chez Lefebvre, 1846. Se vend 5 fr. chez M. Marais, libraire-éditeur, Grande-Rue. — Ce volume renferme les principales églises et abbayes de l'arrondissement de Dieppe. — Il n'en reste que dix exemplaires.

— 84 —

Les Églises de l'arrondissement de Dieppe. — *Églises rurales*, par M. l'abbé Cochet. 1 vol. in-8° de 543 pages, orné de plusieurs gravures sur bois et de quatre jolies lithographies dessinées par M. Achille Deville, mises sur pierre par Dumée fils et tirées à Paris, chez Lemercier. Imprimé à Dieppe, chez Levasseur, en 1850. — Ce volume est épuisé.

Galerie dieppoise ou Notices biographiques sur les hommes célèbres de Dieppe, par M. l'abbé Cochet. Dieppe, Delevoye, 1846-1851. — Tiré à cinquante exemplaires seulement.

Histoire de l'Imprimerie à Dieppe, par M. l'abbé Cochet, In-8°. Dieppe, Levasseur, 1848. — Tiré à cent exemplaires seulement.

La Normandie souterraine, ou Notices sur des cimetières romains et des cimetières francs, explorés en Normandie, par M. l'abbé Cochet, 1 vol. in-8° avec seize planches, imprimé à Dieppe, chez Delevoye, 1854. Se vend 6 fr. chez M. Marais, libraire-éditeur, Grande-Rue.

Sépultures gauloises, romaines, franques et normandes, faisant suite à *la Normandie souterraine,* par M. l'abbé Cochet, 1 vol. in-8°, orné d'une planche lithographiée et de 350 gravures sur bois, imprimé à Dieppe, chez Delevoye, 1857. Se vend chez M. Marais, libraire-éditeur, Grande-Rue.

Histoire des Bains de Dieppe, précédée d'une esquisse de l'histoire générale du Bain, par M. P.-J. Feret. Imprimé à Dieppe, en 1856. Se vend 3 fr. 50 c. chez Delevoye, imprimeur-éditeur, rue des Tribunaux, 7.

PROMENADES

AUX

ENVIRONS DE DIEPPE.

Promenade à Caude-Côte, à Pourville, à Varengeville, au Phare d'Ailly, à Sainte-Marguerite-sur-Mer, au Manoir d'Ango, à Hautot et au Petit-Appeville.

Une des promenades dont les étrangers se dispensent le moins pendant leur séjour à Dieppe, c'est une visite au village de Sainte-Marguerite, situé aux bouches de la Saâne, parce que dans cette excursion, ils voient en même temps le phare d'Ailly et le Manoir d'Ango.

Pour rendre notre promenade plus agréable et plus fructueuse, nous sortirons de Dieppe par une route et nous y rentrerons par une autre.

Longeons d'abord les fossés du château, douves profondes taillées dans la craie comme des précipices sur lesquelles on a jeté un pont de pierre, dont les cintres et les piles produisent un effet très-pittoresque. Remarquons, en passant, que ces fossés, prolongés depuis deux siècles seulement, ont coupé en abîme la vieille et primitive entrée de Dieppe, qui se faisait autrefois par une ligne droite partant du faubourg de la Barre et allant à la rue de ce nom.

Ce chemin passait juste devant la vieille église de Saint-Remy, placée aux portes de la ville qu'elle avait vue naître sur un perrey et dans un marais. Ce faubourg, qui ressemble à présent à une impasse, avait alors sa raison d'être. Il était l'entrée de la ville pour tous ceux qui s'y rendaient, depuis Harfleur jusqu'à Rouen : aussi, l'une des collines qui encaisse cette voie naturelle s'appelle-t-elle encore aujourd'hui le Mont-de-Caux, c'est-à-dire le mont du pays de Caux. C'est chose curieuse à remarquer, qu'à Harfleur, une des portes de la ville s'appelle la porte Calletinant et qu'à Rouen, on trouve la porte, la rue et le faubourg Cauchoise. Il en est de même à Neufchâtel. Ajoutons ici, qu'à notre faubourg de la Barre, descendait la voie romaine, dont M. Feret et moi avons trouvé les traces le long de la briqueterie de M. Legros, et dans les cavées du Petit-Appeville.

Le faubourg de la Barre est le vieux Dieppe. Ce fut dans cet étroit vallon que s'assirent les premières maisons des pêcheurs qui peuplèrent ce port. C'est là que l'on rencontre des traces de constructions romaines, et une des cours situées à l'entrée même portait et porte encore, je crois, le nom de *Cour-aux-Étuves*. Là, dit un chroniqueur, on a trouvé des piliers de briques provenant évidemment des restes d'un hypocauste romain.

C'est aussi à l'extrémité de ce faubourg, sur le bord d'un chemin que nous allons suivre, que M. Feret a trouvé, en 1826, un cimetière gallo-romain dont il a extrait cinquante urnes long-temps déposées à Rosny, chez Mme la duchesse de Berry, qui avait fait les frais de la fouille, et à présent placées dans le musée de Rouen et à la bibliothèque de Dieppe. Ce cimetière, qui remontait au temps des Antonins, avait déjà été reconnu cent ans auparavant, comme on peut le voir dans le *Mercure de France*. En général, il paraissait destiné à des pêcheurs plutôt qu'aux riches habitants d'une cité.

Un peu avant d'arriver au cimetière gallo-romain de Caude-Côte, nous avons laissé sur la gauche un vieux chemin appelé le *Chemin des Fontaines* depuis trois cents ans, parce qu'il conduit aux sources qui alimentent la ville de Dieppe. Dans la cour de la ferme qui fait l'angle des deux chemins, on trouve encore au niveau du sol les débris d'un ancien prêche élevé à Dieppe, après l'Édit de Nantes, et démoli en 1685, lors de la révocation de cette ordonnance à jamais célèbre. C'était une construction octogone et presque circulaire comme les prêches de Caen et de Rouen. Il paraît bien qu'au commencement du XVIIe siècle, les protestants avaient en France un genre d'architecture approprié à leurs temples et à leurs autres constructions religieuses : ce qu'ils n'ont plus aujourd'hui, car ils s'accommodent de toutes sortes de bâtiments, même d'églises ou de chapelles catholiques.

Après avoir franchi la cavée de Caude-Côte, nous arrivons à l'ancien fief de ce nom, antique propriété des moines de la Trinité du Mont-lès-Rouen, à qui il avait été donné, en 1030, par Gosselin, vicomte d'Arques, gouverneur de ce pays pour les ducs de Normandie. Dès ce moment, existait, sur le plateau désert qui nous sépare de la mer, la vieille chapelle de Saint-Nicolas, qui devait porter un autre nom, car le vocable de Saint-Nicolas ne pénétra dans nos contrées qu'à la fin du XIe siècle, et non au commencement. Mais ce qui paraît certain, c'est que les moines de la Trinité ou de Sainte-Catherine-du-Mont envoyèrent des religieux de leur maison occuper le prieuré de Caude-Côte, et peut-être aussi desservir l'église de Saint-Remy de Dieppe, qui leur avait été donnée avec le fief. De Caude-Côte, les religieux descendirent à Dieppe, et installèrent leur prieuré autour de Saint-Jacques, dont l'église ne devint paroissiale et baptismale qu'en 1282. Une ancienne rue, dite *de l'Abbaye*, a conservé long-temps le souvenir de ce monastère disparu. Saint-Nicolas de Caude-Côte resta une chapelle et un bénéfice simple dont le titre subsista jusqu'à la Révolution, tandis que la chapelle elle-même ne fut entièrement détruite qu'en 1841. Elle n'avait plus d'intérêt que pour les marins et les amis des vieux souvenirs.

De Caude-Côte, on descend au hameau de Pourville, placé à l'embouchure de la Scie, que l'on traverse sur un pont de bois qui n'est accessible que pour les piétons.

Pourville, c'est la tristesse même. C'est une poignée de chaumières accroupies au pied d'un coteau couvert d'ajoncs et de bruyères. Au milieu, sont les murs dépouillés d'une église qui rappelle l'abomination et la désolation dans le lieu saint. J'ai parcouru souvent les rives de la Scie, j'en ai admiré les sites gracieux ; je me suis souvent assis dans les frais vallons qu'elle arrose, au pied des châteaux de Longueville, de La Pierre, du *Mont-Pinson* et de *Charles-Mesnil*. Partout elle a réjoui mes yeux, mais ici elle a resserré mon cœur. Entre ces deux falaises, la pauvre rivière se perd dans une masse de galets qui lui barrent le passage et qui la forcent de se répandre en méphitiques alluvions. Elle fait mille contours pour se marier avec la mer ; quelques douaniers seulement sont témoins de sa pénible agonie, car les cabanes du hameau se sont éloignées d'elle, tant elle est triste à voir à ses derniers moments.

Pourville ne compte pas 12 feux. Il en avait 25 en 1704 et un curé dont on montre encore le presbytère, occupé par un douanier ; car le douanier est tout à Pourville. C'est lui qui a recueilli l'héritage de l'église et de l'empire : il fait faction à la batterie et loge au corps-de-garde. Il jouit des droits de varech, de péage, de pontage, de bris et d'épaves. Pourtant nous doutons que ce cumul de dignités et de priviléges puisse le distraire de l'ennui profond qui paraît avoir fixé son séjour avec lui. Sa pensée doit souvent se rembrunir à la vue de cette mer immense, où pointillent à l'horizon quelques voiles noires, de ces falaises hachées par le temps et les vagues, de ces roches d'Ailly qui sortent de la mer comme des dents de requin, et de ces masses énormes de galets que l'Océan roule éternellement sur ses rivages avec un affreux bruit de chaînes.

Du reste, ce qui résume parfaitement la tristesse du pays, c'est l'église qui n'est plus qu'un tas de pierres noires accumulées depuis cinquante ans sous les coups des orages. Il ne reste plus que des murs lézardés, des cintres brisés, des restes d'ogives, une pierre d'autel encore sur sa maçonnerie et quelques piédestaux de statues renversées. La ronce, le sureau et l'ortie ont encombré cette enceinte où l'on n'ose plus pénétrer.

C'était dans l'église de Pourville que se faisaient, au xviiie siècle, les mariages mixtes de la ville de Dieppe, entre ceux que l'on appelait alors les *nouveaux réunis*.

Dans le cimetière de Pourville ne subsiste plus que la croix de grès, dont le fût seul est debout comme une colonne au milieu des ruines.

A côté de l'église et de la croix, on a construit, ces dernières années, une petite chapelle en l'honneur de Saint-Thomas-de-Cantorbéry, l'ancien patron de Pourville, où une foule de pauvres gens viennent encore en pèlerinage contre les fièvres. Nous avons déjà dit qu'une tradition sans fondement faisait aborder, à Pourville, le saint archevêque de Cantorbéry, qui débarqua à Hodie, près Gravelines.

Le nom de Pourville, autrefois Portville, semble indiquer un de ces anciens ports si nombreux sur les côtes de la Manche et surtout dans la Haute-Normandie. Pourville fut occupé à toutes les époques, car, en 1844, on y a rencontré dix-huit médailles d'or des Césars romains du ive et du ve siècle. Sur une côte, on a déterré des cercueils de pierre des temps mérovingiens, et en fouillant dans de vieux titres, M. Méry, ingénieur à Dieppe, a trouvé le tarif des droits que payaient, au moyen-âge, les *nefs* qui débarquaient à Pourville.

Mais la grande célébrité de ce pauvre village, c'est la chute que fit dans sa rivière la célèbre duchesse de Longueville, l'héroïne de la Fronde et presque du xviie siècle. Voici le fait :

« En 1650, cette illustre princesse, issue du sang royal, désirant venger la détention de son mari, se retira en Normandie avec le projet de soulever cette riche province contre l'autorité d'un roi enfant. Repoussée par le Parlement de Rouen, elle se retira au château de Dieppe dont le gouverneur, Philippe de Montigny, lui livra les clés. De là, elle prétendait menacer la ville et même la raser avec du canon ; mais les Dieppois, ayant demandé au roi un chef capable de les conduire, essayèrent de reprendre le château ou au moins d'effrayer la duchesse. Ils commencèrent par occuper toutes les portes, empêchant ainsi les soldats d'entrer ou de sortir ; puis, la nuit, ils allumèrent des falots dans toutes les rues et mirent des lanternes à chaque maison pour faire croire que la ville veillait en armes et se préparait à quelque grande entreprise. Ce stratagème réussit : dès la nuit même, la duchesse se fit ouvrir précipitamment la porte de la citadelle qui était derrière le château ; elle fit baisser le pont-levis, puis se sauva à pied, le mieux qu'elle put, avec ses plus fidèles domestiques. « L'intendant de sa maison donna ordre aux autres de les suivre à l'instant avec leurs chevaux, chaises et bagages, pour se joindre à la descente, et l'on conduisit Son Altesse par le chemin qui tend au village de Portville, au bas de la côte, jusqu'à la rivière. »

» L'aimable et bonne princesse, encore effrayée de la peur, tomba malheureusement dans l'eau, au passage ; mais elle en fut, sur-le-champ, retirée toute tremblante et menée dans la maison du curé, qui accourut au-devant de Son Altesse et qui la reçut avec toute sa suite, le plus honnêtement qu'il lui fut possible, dans son petit presbytère. La princesse parut si consolée de la bonne réception du curé qui se nommait Letellier, lequel fit apporter tout son bois pour la réchauffer et ouvrit sa cave pour donner son cidre à boire à ses gens jusqu'au point du jour, qu'en reconnaissance elle lui assigna, sa vie durant, une pension de deux cents livres sur un bénéfice en Picardie, dont il a toujours été bien payé, ainsi que l'a appris de lui-même l'auteur de ces mémoires. Elle lui permit également de prendre, chaque année, deux cents fagots dans le bois d'Hautot, qui relevait de la châtellenie de Longueville. »

En 1582, dans les premiers jours de novembre, M. de Sygogne, cet infatigable gouverneur de Dieppe, franchissait la Scie, un peu au-dessus de Pourville. Malheureusement, son cheval tomba dans une fondrière : le pauvre animal, en se débattant pour se tirer de ce mauvais pas, renversa dans l'eau son maître et lui donna un violent coup de pied dans l'estomac. On retira de l'eau l'infortuné gouverneur, mais sa blessure était si profonde, qu'après quatre jours de souffrances atroces, il mourut, le 5 du même mois, au château de Dieppe. Son corps fut transporté à l'église de Saint-Remy, et inhumé dans la chapelle de la Sainte-Vierge, au côté de l'Épître. Brisée à coups de masse, en 1794, son image funèbre a été retrouvée, en 1845, au fond d'une cave. Sur le tronc en marbre blanc, on reconnaît les armes et le collier de l'ordre de Saint-Michel.

De Pourville on monte une côte d'où l'on jouit d'une fort belle vue de mer, puis on entre dans Varengeville, un des villages normands les mieux plantés. Vous admirez surtout la tenue des chemins mis en bon état longtemps avant la création des lois sur la voirie. Ce qui vous étonnera peut-être, c'est que, malgré la haute plaine où il est situé, ce village possède des fontaines et même des sources minérales qui, au siècle dernier, eurent une vogue momentanée pour retomber ensuite dans un profond oubli. Nous laissons de côté la place de l'*Épine* où fut, avant la Révolution, une chapelle de

Saint-Victor, construite avec du grès, en 1660, et transformée en une habitation particulière, et l'ancienne grange des *Dîmes* que l'on appelle encore la *grange de Conches,* parce que les décimateurs de la paroisse étaient l'abbé et les moines de Conches en Normandie.

De là nous arrivons à l'église que nous devons saluer un moment, car elle est admirablement située sur le bord de la falaise et en vue de la mer. Une tradition du pays veut qu'elle ait été portée là par saint Valery, abbé de Leuconaus et apôtre de ces contrées. Les habitants de la paroisse avaient tenté de la construire au milieu du village, dans un champ qu'ils nous montrent encore; mais, la nuit, le saint transportait les pierres de l'édifice dans le lieu où il se trouve aujourd'hui. Il fallut bien lui céder la victoire, et, depuis ce temps, le pieux missionnaire jouit de la mer qu'il aime et contemple ces rivages éclairés par sa parole et arrosés de ses sueurs. Une tradition entièrement semblable existe également pour l'église d'Étretat que l'on dit bâtie par sainte Olive.

Vraiment l'église de Varengeville a dû être placée là par la main des saints, car nulle main d'homme n'eût été assez hardie pour l'asseoir sur ce rocher. Une tête mortelle eût tourné à la vue de tant de périls ; nul cœur humain n'eût été capable de l'entourer de tant de poésie. Elle est là entre le ciel et la terre, placée sur la bruyère, comme un navire placé sur l'Océan. Elle voit à ses pieds la mer qui lui rend hommage, les flottes de pêcheurs qui la saluent de leurs espérances, la côte qui s'ouvre comme une baie et qui semble s'abaisser par respect.

L'église actuelle n'est plus qu'une ruine. Élevée d'abord au XIe siècle, elle fut donnée en 1035 à l'abbaye de Conches. De cette époque, il ne reste que quelques murs du côté du Nord. Le clocher était une fort belle construction du XIIIe siècle, malheureusement, la flèche a été cent fois frappée par la foudre. Le XVIe siècle a ajouté à cette église une aîle méridionale construite avec du grès. On serait tenté d'attribuer cette addition à la magnificence d'Ango, alors châtelain de Varengeville. Sur ces pierres sont gravés des sirènes, des dauphins, des poissons, des coquilles, tous attributs qui devaient suivre de près le roi de la mer.

Après l'église du Tréport, aucune autre église en Normandie n'est plus poétiquement assise sur les bords de la Manche que l'église de Varengeville. Elle est seule au milieu des landes, sombre et austère comme le rivage qu'elle habite ; elle commande la mer, mais elle est décimée par les tempêtes. Sa flèche, ses toîts, ses fenêtres ont été mille fois abattus par les vents ou renversés par les orages. Un *Câtelier* romain est dans le voisinage : c'est, dit le peuple, la *tombe du petit doigt de Gargantua*.

Guerre et Paganisme la vieille église a tout vaincu ; mais, à son tour, elle est menacée par l'Océan. La mer, qui ronge sans cesse les falaises, s'avance à grands pas vers elle ; déjà elle a creusé sous ses pieds un abîme. Elle aura beau avoir été bâtie par la main des saints, habitée par des moines primitifs, consacrée par la main des pontifes et sanctifiée par sept siècles de prières, rien de tout cela ne sera assez fort pour conjurer la mer, pour exorciser ce dragon terrible qui se rue à *grande erre* sur sa proie, et qui, de sa bouche béante, semble prêt à l'engloutir pour toujours !

En quittant l'église et le *Câtelier* de Varengeville, on se dirige vers le phare d'Ailly que tous les historiens de ce pays disent avoir été construit en 1775 par la Chambre de Commerce de Rouen, c'est probablement de Normandie qu'ils veulent dire, car les chroniqueurs havrais nous assurent que les phares de la Hève ont été construits en 1774 et en 1775 par le roi de France, sur la demande de la Chambre de Commerce de Normandie. Si les feux de la Hève succédaient à l'ancienne *Tour des Castillans,* destinée à éclairer l'entrée de la Seine et le port de Harfleur dès 1462, le phare d'Ailly peut être aussi considéré comme le successeur de l'ancienne *Lanterne* de Dieppe. Cette lanterne dont nous avons reconnu les restes en 1848, lors de la destruction de la butte du Moulin-à-Vent, se composait d'une tour en pierre placée alors à l'entrée du havre de Dieppe. Le *Cueilloir* de nos archevêques parle de ce phare dès 1396 et la *rue de la Lanterne* me paraît le dernier vestige de cette coutume maritime, dont l'origine se perd dans la nuit des temps.

Les phares maritimes furent toujours l'objet de la sollicitude de nos rois. En 1725, Louis XV fit réparer et exhausser le phare du Cordouan, à l'embouchure de la Garonne. Cette vieille tour, élevée sous Henri III, en 1585, avait été restaurée par Henri IV et par Louis XIV en 1665.

Les feux de la Hève sont fixes, celui d'Ailly est à éclipses; depuis qu'on y a installé le système Fresnel en 1852, il projette en mer une lumière de plus de 26 milles de portée. Ce phare, véritable étoile de la mer, se compose d'une « haute et grosse tour quadrangulaire, construite à grands frais en belles assises de pierre taillées à facettes et décorées de petits modillons et de frontons arrondis, dont le style, tant soit peu *Pompadour,* contraste étrangement avec cette mer imposante et l'aridité sauvage de ces bruyères qui s'étendent à perte de vue. Toutefois ce contre-sens est de peu d'importance; mais ce qui est plus grave, c'est que les ingénieurs qui ont élevé cette tour ont eu l'imprudence de la placer à quatre-vingts toises seulement du bord de la falaise. Or, depuis soixante ans, trente ou quarante toises se sont déjà écroulées dans la mer. Il y a donc presque certitude qu'à une époque qu'on peut à peu près fixer, le phare, par quelque nuit d'hiver, sera précipité dans les flots. On a eu beau lui donner une solidité toute égyptienne, pour ainsi dire, choisir les plus beaux matériaux, les entasser dans un bastion de citadelle; il résisterait sans doute à dix siècles de tempête; mais à quoi bon? Ses jours sont comptés comme à un condamné, et sans espoir de grâce ; car cette mer est semblable à la Fatalité des anciens. elle ne peut pardonner. »

Ce qui prouve, en effet, combien cette mer est cruelle et impitoyable, ce sont ces longues roches de grès qui composent le cap d'Ailly et qui semblent vouloir former le barrage de l'Océan. Ces masses de grès, hautes comme des maisons, étaient jadis couchées dans le sol des falaises disparues sous les efforts de la pluie, des vents et de la mer. Car le grès parmi nous est un véritable bloc erratique, déposé dans la brèche de nos terrains supérieurs par les derniers courants diluviens qui ont sillonné la surface du pays que nous habitons.

L'homme a peut-être contribué autant que la nature à la destruction du cap d'Ailly et à mettre à nu ces blocs gigantesques. Il ne faut pas perdre de vue qu'au XVIe et au XVIIe siècle, Dieppe et les environs sont venus avec des nefs, des bateaux, des alléges, chercher ici du grès pour la construction des églises, des châteaux et des forteresses. Je suis profondément convaincu par la tradition et par les archives que la plupart des églises de l'arrondissement de Dieppe ont été refaites ou agrandies au XVIe siècle, avec le grès du cap d'Ailly. Comme dernier vestige on montre encore au pied de la falaise même du promontoire, une descente qui s'appelle le *port des Moutiers* ou le *port des Églises*.

En quittant le phare d'Ailly pour nous rendre à Sainte-Marguerite, nous traversons une lande de bruyères sauvages et stériles comme celles de l'Écosse. C'est la prairie communale de Sainte-Marguerite, restée en fort mauvais état par la raison bien simple qu'on ne s'y intéresse pas, et que ce qui appartient à tout le monde n'appartient à personne.

Il y a vingt-cinq ans, le voyageur qui, du sein de ces bruyères, eût fixé ses regards sur l'embouchure de la Saâne, ne se fût certes jamais douté des trésors que renfermait cette contrée sauvage. En voyant se dérouler à ses pieds cette rivière agonisante, traversant péniblement les galets qui s'opposent en masse à son passage ; en apercevant ces marais infects d'où s'exhalent périodiquement des fièvres et des épidémies ; cette plage déserte et inhospitalière, toujours battue par la vague ; ces falaises hachées par les tempêtes ; ce corps-de-garde de l'Empire, peuplé par quelques douaniers que le fisc attache à cette glèbe barbare ; ces pauvres chaumières qui se sont enfuies loin, bien loin de la mer et du fleuve, auquel elles ont abandonné, depuis long-temps, le domaine exclusif du vallon, — à coup sûr il n'eût jamais soupçonné que là, sous ces stériles galets, sous l'herbe de ces prairies, gisait, à l'état de squelette, un des plus riches établissements romains de la Gaule septentrionale. Cette terre aujourd'hui inhabitée, a donc été le siége d'une grande puissance dans les temps antiques ; des hommes d'armes y reposent ; de grandes dames, de grands seigneurs y ont passé ; leurs dépouilles y sont encore : voilà leurs galeries, leurs bains, leurs temples et leurs salles de jeux.

Mais reprenons : vers 1822, la charrue, la première, découvrit, sur la butte de Nolent, une superbe mosaïque romaine qui attira l'attention de M. Sollicoffre, déjà éveillée par des cercueils trouvés sur la falaise. La duchesse de Berry, étant à Dieppe, visita ces ruines et désira les faire explorer par son fouilleur en titre, M. Feret, qui avait déjà fait de brillantes découvertes à Caude-Côte, à Limes et à Braquemont. Cette fille de Parthénope aimait les fouilles historiques de nos rivages, comme un souvenir de Pompeïa et d'Herculanum.

1830 arrêta ce premier élan ; mais M. Vitet, l'un des princes de l'archéologie française, le fit renaître plus puissant et plus efficace que jamais. En 1833, son *Histoire de Dieppe* lui fournit l'occasion de réveiller, sur ce point, l'attention publique. Aussi depuis 1839 le Gouvernement, le Conseil général et la Préfecture, n'ont cessé d'encourager les fouilles de Sainte-Marguerite ; M. Feret s'est fait, depuis ce temps, l'éditeur patient de cette grande œuvre ; chaque campagne ajoute à sa gloire et aux faits scientifiques.

En 1842, il a publié, dans le *Bulletin Monumental*, le plan général d'une superbe villa, comparable aux plus beaux monuments de ce genre que possèdent l'Angleterre et l'Allemagne. On croyait l'exploitation complète et terminée ; la campagne de 1846 a agrandi les espérances : une longue galerie pavée et incrustée en mosaïque, un édifice circulaire, renfermant des bains, un monument quadrangulaire, imitant les temples décrits par Vitruve et fouillés en Italie, ont révélé une source nouvelle de richesses archéologiques. Il était donc immense, cet établissement de Sainte-Marguerite, dont nous n'avons fait qu'entrevoir les vestiges !

L'étude approfondie des peintures, des mosaïques et du monument lui-même, a fait supposer que des chrétiens avaient passé là. L'absence totale des divinités païennes, de sujets mythologiques sur les murs et sur les pavés, rappelle cette chaste simplicité des premiers disciples du Christ, dont parle Sidoine Apollinaire, dans la description de sa *villa*. Toutefois la splendeur de l'édifice, la variété si gracieuse des mosaïques, la richesse et la diversité des marbres qui décoraient les appartements, font présumer que ce fut l'habitation d'un chef romain, préposé à la garde des côtes, au temps des invasions des barbares. Les sépultures d'hommes armés, que l'on a retrouvées dans le jardin, ne permettent guère de douter de la destination militaire de cet établissement. On croit encore, à la forme des lances et des sabres, reconnaître ces débris de légions étrangères, tour-à-tour auxiliaires ou victorieuses des maîtres du monde, pendant le quatrième et le cinquième siècle de notre ère.

Mais laissons aux antiquaires le soin d'expliquer ces fouilles heureuses et savantes, et après avoir félicité l'habile explorateur de ce profane édifice, gagnons la modeste église du village, dont l'humble clocher domine un groupe d'arbres, bien maltraités par les vents, et qui semblent, de leurs branches recourbées, faire un épais rempart à la maison du Seigneur.

La petite église de Sainte-Marguerite s'annonce assez mal, il est impossible de voir un portail plus nu et plus insignifiant ; mais à peine avez-vous mis le pied sous le porche, à peine vos yeux ont-ils pénétré dans la nef, que vous vous sentez saisi de respect, vous entrez dans un des plus vieux monuments du pays. Cette église fut bâtie tout entière au xie siècle, avec la pierre tuffeuse de nos vallées ; mais, au xvie, elle a été considérablement agrandie avec le grès des roches d'Ailly, exploitées par les *carrieux* de Varengeville. Ainsi nous retrouvons dans ce petit monument le tuf et le grès, ces deux matériaux indigènes, qui caractérisent ici les deux grandes époques de nos constructions ecclésiastiques.

La partie la plus remarquable de cette église c'est le chœur ou plutôt le sanctuaire, où l'abside circulaire renferme des cintres croisés dont l'intersection produit une série de lancettes ogivales. Ces ogives *accidentelles* se rencontrent souvent en Normandie dans les églises romanes du xie siècle, témoin l'abbaye de Graville, près le Havre.

Il y a trente ans, ce curieux chancel était couvert de chaume comme les habitations des villages, il était menacé d'une ruine prochaine, sans l'intervention de M. Feret qui obtint de la commune une réparation, dont lui-même présida le travail. Le patient antiquaire porta l'attention jusqu'à numéroter les anciennes pierres, afin de les remettre fidèlement à leur place. Si bien qu'il a pu écrire avec vérité sur l'extrémité du sanctuaires : « *Restitutum anno* MDCCC XXVII. »

En 1856, nous avons été assez heureux pour compléter la restauration de l'abside de Sainte-Marguerite, en remplaçant une grossière ouverture en briques du xviiie siècle au moyen d'une jolie fenêtre romane exécutée dans le style même de l'édifice. Nous devons le dessin de cet excellent travail à la bienveillance de M. Barthélemy, architecte de la cathédrale de Rouen. Un vitrail représentant sainte Marguerite, et sorti des ateliers de M. Lusson, de Paris, a complété l'œuvre, dont la dépense a été couverte par un don de l'Empereur. Aussi vous lirez au bas de l'humble verrière : « *Ex dono Napoleonis III, imp.* »

Cet antique sanctuaire renferme un curieux morceau liturgique, je veux parler du maître-autel en pierre qui doit remonter au xiie siècle et peut-être au xie, comme le pensent MM. Vitet et Batissier. C'est une table de pierre posée sur une masse de cubes de la même nature, comme tous les autels décrits par Yves de Chartres. Celui de Sainte-Marguerite est plus orné que les autres, on voit sur le devant de jolies colonnes romanes couronnées de chapiteaux ornés par des enroulements. Celui du milieu présente même des têtes d'hommes. Ces colonnettes étaient jadis ornées de peintures, dont les bandes blanches et bleues montaient en spirales alternatives.

Cet autel est un des plus curieux qui existent dans la France septentrionale ; ainsi l'ont jugé les antiquaires, à la tête desquels il faut placer M. de Caumont. Aux yeux des liturgistes, il n'a pas un intérêt moins grand qu'aux regards des artistes et des archéologues. C'est pour tous ces motifs que le département de la Seine-Inférieure s'est empressé de le faire restaurer en 1851.

On peut dire que l'intérêt qui s'attache à Sainte-Marguerite repose tout entier sur son autel, son sanctuaire et ses ruines romaines. Du jour où ces trois points lui manqueront, il deviendra ce qu'il est par lui-même, le plus prosaïque village de la terre.

Cependant, avant de quitter les bouches de la Saâne si rudes et si délaissées, portons nos regards vers Longueil et Ouville, ces deux verdoyants villages qui ornent si bien le cours de cet antique ruisseau. Ouville n'a pas de passé. Quelques établissements industriels fraîchement bâtis, une église dont tout l'ornement date d'hier et des générosités de M. de Tous-les-Mesnils, voilà Ouville auquel on joindra peut-être un gentil châtelet, miniature de forteresse, dont les eaux et les bois font le plus grand ornement. Mais Longueil a eu plus d'importance, il peut vous montrer sur la colline les ruines d'un vieux château, dont les seigneurs étaient riches et vaillants. Leur sang a coulé sur les champs de bataille, des titres pompeux ont entouré leurs noms et des fondations pieuses ont fait bénir leur mémoire. Saluons donc sur ces pierres écroulées, dans ces fossés demi-comblés, l'ombre de Geoffroi Marcel, sire de Longueil, gouverneur de Pontoise, bienfaiteur de l'abbaye de Longueville, fondateur de la chapelle de Saint-Sauveur à Saint-Jacques de Dieppe, et tombé sous le fer des Anglais à la bataille de Poitiers, comme son fils Guillaume, gouverneur de Caen et de Dieppe, tomba plus tard à celle d'Azincourt.

L'église de Longueil, intéressante par ses vitraux, l'est encore plus parce qu'elle fut, en 1685, le berceau du poète Richer, l'un des traducteurs de Virgile, et qu'en 1703, elle devint le tombeau du prêtre Asseline, le plus illustre des chroniqueurs dieppois. Tous ces souvenirs enrichissent pour nous la vallée de la Saâne et lui donnent un charme encore plus grand que ses frais ombrages et ses vertes prairies.

Maintenant revenons à Dieppe par la plaine et remontons la colline en laissant à gauche le château de M. de Latour, habitation pacifique près de laquelle on a trouvé, il y a quelques années, une urne en verre bleu remplie d'ossements brûlés.

Après avoir traversé de nouveau le village de Varengeville, nous arrivons au manoir d'Ango qui n'est plus qu'un vaste corps de ferme, mais dont les granges, les bergeries et le colombier ont une élégance et une majesté qui attestent une puissance tombée. En effet, ce n'est pas pour un fermier qu'ont été construites ces charmantes murailles et qu'a été formée cette enceinte véritablement princière Tout cela a été bâti pour le Médicis de Dieppe, pour le célèbre Jean Ango, l'armateur des rois comme Jacques Cœur en était le banquier. Il est impossible de n'être pas frappé de la différence qui existe entre cette ferme et toutes celles que nous avons vues ; aucune n'avait cette physionomie artistique et presque royale. Toutefois ce n'est point ici un château comme on en trouve tant en Normandie. L'homme qui a fondé ce séjour n'était pas un guerrier bardé de fer, et tenant au sol par une longue génération d'ancêtres : Non c'était un parvenu de la fortune, un enfant de la Providence, comme il s'appelait lui-même, le fils d'un siècle à idées neuves, et qui répudiait déjà les mœurs et les coutumes du passé.

Aussi cette maison n'a pas d'ancêtres, elle n'a rien de féodal, ni de militaire, c'est la maison de campagne d'un négociant, genre de profession presque inconnue alors et entièrement nouvelle pour la campagne. Ango ne greffa point sa demeure sur les bastions et les souterrains d'un vieux château ; il la posa au bel air, au milieu des champs, sur un terrain nouveau, comme sa fortune. Il en demanda aussi le plan à des architectes et à des artistes parfaitement révolutionnaires au point de vue des arts; aussi leur œuvre n'a rien de gothique, ni d'ogival ; c'est une conception entière de cette Renaissance qui n'avait pas de père et qui n'a pas eu d'enfants. Et puis il n'y avait point de modèle dans le genre de travail que demandait Ango.

Une seule chose m'a paru féodale au manoir de Varengeville, ce sont les fossés jadis remplis d'eau et aujourd'hui comblés qui entouraient la demeure ; mais ce pouvaient être des lacs pour la promenade et la pêche plutôt que des douves militaires pour la défense. Rien, à mon avis, n'est plus curieux que ce carré de bâtiments formés par la maison d'Ango et ses dépendances, que cette cour partagée par un pavage, débris de l'opulence, et édifiée d'un colombier, reste d'un privilége seigneurial et d'un art très-avancé. C'est avec le plus grand plaisir qu'on parcourt cette enceinte et que l'on étudie les détails de chaque construction : les portes, les fenêtres, les tourelles, les colonnes, les pilastres, les chapiteaux, les toîts et les cheminées ont une physionomie si curieuse, si étrange, si originale et si pleine de goût tout à la fois, que l'on ne sait lequel admirer le plus ou de la puissance qui a commandé ou de l'art qui a exécuté.

Ne manquez pas de pénétrer dans l'intérieur, de visiter les escaliers, les galeries, les chambres et les salles, et vous trouverez partout à étudier aussi bien sur le pavage que vous foulez aux pieds et dans les peintures qui dominent vos têtes. Surtout ne manquez pas de vous arrêter dans la curieuse galerie où M. Labbeville a découvert, en 1856, une série de curieuses peintures murales, exécutées vers 1542. Parmi les sujets que sa patience d'artiste a fait revivre, vous distinguerez surtout *le Serpent d'airain*, scène biblique traitée avec autant de grâce que de grandeur.

A quel moment le célèbre Ango a-t-il construit cette riche demeure? Tout porte à croire que ce fut de 1530 à 1540 époque de sa plus haute prospérité; cette construction dut suivre de près la riche maison de bois qu'il s'était fait bâtir sur le quai de Dieppe et qui surpassait en beauté tout ce que possédaient en ce genre la France, l'Italie, l'Allemagne et l'Angleterre. Sur la pierre d'un pilastre du manoir nous avons lu le chiffre de 1542, ce qui prouve qu'Ango y faisait encore travailler à cette époque; mais dix ans après, le puissant maître de ce palais mourait pauvre et abandonné dans une des tours du château de Dieppe, où ses créanciers l'avaient enfermé.

D'avides créanciers se partagèrent les dépouilles de ce roi de la mer, et le pauvre manoir a changé de mains comme d'habitants. A présent, il est la propriété de Mme Quèvremont, veuve d'un banquier de Rouen. On pourrait dire qu'il est revenu à son origine, car, né de la finance, il devait retourner à la banque, l'argent d'ailleurs étant l'instrument des grandes choses de ce monde; mais il serait à désirer que ses derniers maîtres eussent pour lui quelque chose du culte et de l'affection de son premier fondateur.

Ce pauvre manoir, condamné à abriter désormais des bestiaux et des fermiers, semble avoir la triste conscience du changement de ses destinées. En voyant ses murailles tronquées, ses grands toits aigus, ses toitures d'ardoises et de plomb remplacés par ces pesantes couvertures qui l'écrasent, et ce fumier en guise de fleurs, et ces lourds valets de ferme au lieu de pages et d'élégants varlets, ce pauvre château a paru comprendre sa décadence, et de riant qu'il était il est devenu mélancolique et sévère.

En quittant le Manoir d'Ango nous gagnons Hautot-sur-Dieppe, village qui suit immédiatement Varengeville, et qui forme avec lui une série continue de fermes et de chaumières. Hautot, aujourd'hui la simplicité rustique par excellence, fut autrefois une haute châtellenie, d'où dépendaient les bouches de la Scie, le faubourg de la Barre et le port de West, le plus vieux quartier de Dieppe; aussi les châtelains de Hautot avaient-ils, dans notre ville, pleine juridiction et haute justice : ils y tenaient leurs plaids et hommages, et la *porte d'Estouteville,* placée au bout de la rue de Sygogne, l'ancienne rue des Petits-

Puits, me paraît le dernier débris de gloire féodale du château de Hautot, entré plus tard dans la maison d'Estouteville.

Il faut maintenant rechercher dans un bois-taillis, au fond d'un vallon désert et sur la pente d'une colline abrupte, la place de cette vieille forteresse qui compta parmi ses maîtres des princes et des princesses et surtout la fameuse duchesse de Longueville. En grimpant péniblement à travers des halliers, fréquentés seulement par des chasseurs de renards, on découvre les fossés profonds qui entouraient les épaisses murailles du château. Il en reste encore quelques fragments comme pour attester son importance antique ; mais la vue de ces ruines attriste l'âme en lui montrant mieux qu'on ne pourrait le faire tout le néant des grandeurs d'ici-bas.

Ce qui n'a pas été détruit, ce qui revit toujours, c'est l'église sans cesse transformée sous la main de ses enfants, mais toujours aussi renaissante au milieu de leurs demeures comme la foi en Dieu qui vit éternelle au fond du cœur des hommes.

Cette église, humble et modeste, a encore vu les châtelains, surtout le chœur qui est une jolie construction du xiiie siècle ; mais la nef et les transepts ont été refaits avec du grès en 1559 et le clocher a été greffé au portail vers 1580. Le grès était tellement devenu matière ecclésiastique dans ce pays, que les croix mêmes, soit celles des cimetières, soit celles des chemins, ont été taillées avec cette pierre dure du cap de l'Ailly. Toutefois, qui est-ce qui oserait dire que les pierres du vieux château de Hautot n'ont point servi à élever le clocher, lorsque nous voyons les Minimes les enlever en 1583, pour bâtir leur chapelle, devenue maintenant le tribunal de Dieppe ?

Hautot, pour s'agrandir comme commune et comme paroisse, s'est emparé des anciennes paroisses de Pourville et du Petit-Appeville, à présent devenues des hameaux sans église. Nous avons vu au départ les restes de Saint-Pierre-de-Pourville, au retour nous assisterons à la chûte de Saint-Remy du Petit-Appeville. Cette pauvre église a conservé son clocher, tour de grès jadis couronnée par une flèche d'ardoise démolie en 1855 par mesure de sûreté publique. De la nef et du chœur, il ne reste debout que les murailles construites vers 1750 et abandonnées pour toujours en 1791. Les malheureux habitants du hameau qui voient chaque jour tomber leur église qu'ils ne peuvent plus relever, n'ont jamais arraché une seule pierre de ses murailles. Enlever le bois de l'édifice leur semblerait une profanation sacrilége, ils laissent au temps le soin d'accomplir cette œuvre impie.

Sous les décombres et les broussailles qui remplissent

l'enceinte du temple abandonné, étaient cachées naguères des inscriptions et des pierres tombales. Ces dalles recouvraient la sépulture de vieux guerriers, les restes héroïques de ces bandes victorieuses que les gouverneurs de Sygogne et de Chattes conduisaient à travers le pays.

Il paraît bien que les vétérans de la garnison de Dieppe se retiraient autrefois au Petit-Appeville, pour y jouir paisiblement de leur retraite dans une chaumière et en cultivant leur jardin. Ils étaient ensuite inhumés dans l'église qu'ils avaient peut-être servie dans leurs dernières années comme frères de la charité. Ainsi, à peu de distance et sous la protection du même pontife, nous retrouvons toute la milice catholique de Dieppe au temps de la Ligue. Les gouverneurs reposent à Saint-Remy de Dieppe; les archers sommeillent à Saint-Remy du Petit-Appeville.

Nous avons voulu conserver pour la postérité les dalles et les inscriptions du Petit-Appeville, dernières pages d'un drame curieux et terrible. Avec la bienveillance de M. le préfet, nous avons fait encastrer, dans les murs du chœur de Hautot, ce suprême mémorial de ces guerriers royaux et catholiques.

Ajoutons tout de suite que dans cette même année 1855 nous avons pu sauver le vieux baptistère de pierre

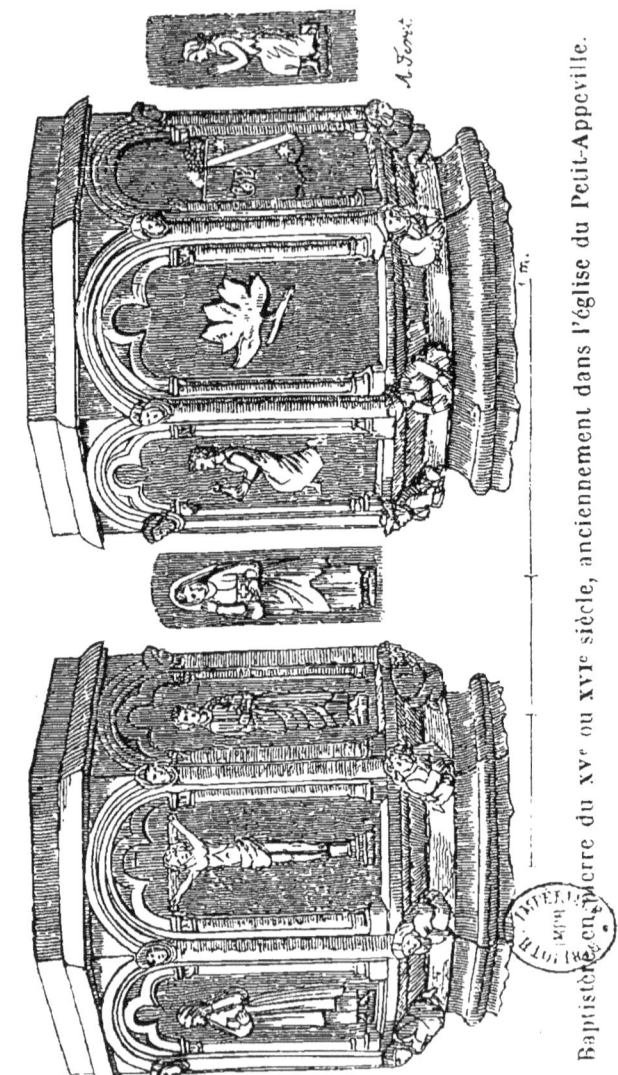

Baptistère en pierre du XVᵉ ou XVIᵉ siècle, anciennement dans l'église du Petit-Appeville.

du Petit-Appeville, en le rachetant 25 francs à la fabrique de Hautot. Depuis, MM. de Banastre et Belot l'ont fait restaurer avec soin et transporter, en 1857, dans l'église de Routes (près Doudeville), dont il est à présent le plus bel ornement. Nous sommes assez heureux, grâce au talent de M. A. Feret, pour pouvoir offrir au lecteur un dessin de ce baptistère.

Du Petit-Appeville, deux chemins se présentent pour nous ramener à Dieppe, l'un sous terre, l'autre au-dessus. Nous pourrions prendre ici l'entrée d'un tunnel de 1,800 mètres qui, depuis 300 ans, conduit les eaux de la vallée de la Scie dans tous les quartiers de Dieppe. Ce travail de géant, commencé en 1534 et terminé vers 1557, est l'œuvre d'un nommé Toutain, homme de cœur et de tête qui sortit des rangs du peuple pour s'immortaliser par cet acte de génie. Ce pauvre homme se ruina à cette longue et pénible opération, et l'on raconte qu'il est mort en prison et insolvable comme presque tous les inventeurs. De nos jours, on a vu un simple maçon d'Yport, nommé Bigot, exécuter seul en 1842 un tunnel de près de 1,000 mètres pour conduire les eaux de Grainval au port de Fécamp. Ces deux hommes doivent avoir entre eux de grands traits de ressemblance.

Ce tunnel des fontaines de Dieppe est un des travaux les plus curieux que l'on puisse voir. Nous engageons l'étranger qui passera quelques semaines dans notre ville, à visiter cette entreprise cyclopéenne.

Pour nous, aujourd'hui nous monterons la côte du Petit-Appeville par l'ancienne route impériale qui conduit du Havre à Lille. Ce grand chemin commencé sous Louis XVI, vers 1775, n'a été terminé que sous Napoléon Ier, après 1804. Au haut de la côte de Dieppe, cette route s'unit à celle de Rouen et toutes deux longent le cimetière de la ville, transporté ici par suite de la déclaration de Louis XVI, du 19 novembre 1776. Ce ne fut, du reste, qu'en 1784 que la translation fut décidée et l'on ne commença à y inhumer qu'en 1789. Depuis ce temps, il a fallu l'agrandir plusieurs fois, car il devenait trop petit *tant la mort était prompte à remplir les places*, comme dirait Bossuet.

Ceci dit, nous rentrons à Dieppe qui n'est guère non plus qu'une ombre du passé.

PROMENADE

Au Bourg-Dun par le Mont-de-Caux, Janval, la vallée de la Scie, Touslesmesnils, Blancmesnil, Longueil, Quiberville, St-Denis-du-Val et Flainville ; retour à Dieppe par Avremesnil, St-Denis-d'Aclon, la vallée de la Saâne, Ouville, Offranville et les Vertus.

Nous reprenons aujourd'hui la route impériale n° 25 et nous remontons la côte qui fut long-temps appelée le *Mont-de-Caux,* parce qu'elle était et qu'elle est encore le chemin qui conduit au pays de Caux, dont nous sommes ici l'extrême frontière. L'ancien chemin était placé sur l'autre versant de la colline, dans une cavée profonde comme un précipice, devenue maintenant le lit des torrents et des ravines.

Sur ce *Mont-de-Caux* dont on a aplani les flancs vers 1775 pour asseoir notre chemin, vous remarquerez, çà et là, des terrassements, des angles et des courtines, ce sont les restes d'un ancien fort que les chroniqueurs nous disent avoir été construit en 1589, l'année même de la grande Ligue cauchoise, et démoli en 1689, juste cent ans après. Ce fort était appelé *l'Éperon* ou *Tenailles*, à cause de sa forme pointue et allongée. Quelques personnes pensent que c'est sur cette même hauteur, que l'on nomme encore le *Château-Trompette* et qui pourrait bien avoir porté autrefois le nom de Montigny, que fut placée la forteresse brûlée par Philippe-Auguste, en 1195, et dont le poète Guillaume Lebreton a célébré la ruine.

Ce qui est plus sûr, c'est que, dans la fameuse peste de 1668, les habitants de Dieppe établirent sur cette côte des loges de planches et de paille pour préserver du fléau les familles dont quelques membres étaient atteints. Cette espèce de camp volant s'appela l'*Évent*, et, en octobre 1669, on y compta plus de 1,500 personnes presque toutes nourries par la charité. Cette terrible peste de 1668 dura dix-huit mois, pendant lesquels elle fit périr, à Dieppe, plus de 4,000 personnes. C'est alors que s'immortalisèrent par leur charité, les Pères Martial et Fidèle, pauvres capucins du Pollet. Comme dernière trace du passage de cette affreuse contagion, vous saurez que l'on trouve dans les jardins qui bordent le chemin du cimetière, une quantité de squelettes qui ne sont autres que les corps des pestiférés.

Tout près de là où fut l'*Évent*, ce vestibule de la mort, se trouve maintenant le cimetière, son trône et son autel. Le temps passe, il modifie les choses, mais les misères humaines ne font guère que changer de forme.

Nous arrivons au haut de la côte : une plaque de fonte avec inscription, placée là vers 1850, nous indique notre chemin ; tournons à droite, et nous sommes sur la route du Havre que nous ne suivrons que jusqu'au Bourg-Dun, dernière limite de l'arrondissement de Dieppe.

Mais avant de tourner le dos à la ville d'où nous sortons, accordons un regard à la vallée qui se présente à nous avec toute sa magnificence et qui semble provoquer notre attention. Derrière nous est la mer avec ses falaises, ses navires et ses barques de pêcheurs ; la ville avec ses maisons, ses églises, son port et ses bassins ; devant nous se déroule une vaste prairie jadis envahie par les eaux et peuplée de salines, mais aujourd'hui couverte de troupeaux et sillonnée par un chemin de fer. Vous apercevez aussi les trois vallées dont la fusion forme celle de Dieppe et qui apportent leurs ondes à la *Dieppette*, comme on disait autrefois. D'abord c'est l'Eaulne si riche en débris mérovingiens, puis la Béthune, l'ancienne Telles, qui naît au cœur du pays de Bray, et qui donna son nom au pays de Talou ; d'ici vous voyez la vallée de Bray s'ouvrir à l'horizon comme le cratère d'un volcan ; on dirait une déchirure du globe dans un jour de soulèvement ou de révolution. Enfin c'est la Varenne tout ombragée de forêts et encaissée dans d'abruptes vallons habités par les solitaires saint Ribert, saint Saëns, saint Hellier et saint Leufroy. Au fond du tableau, c'est la forêt d'Arques, le champ de bataille, la colonne, la maladerie de Saint-Étienne, le bourg et le château d'Arques qui se cachent sous un manteau de verdure. Tout cela est délicieux et porte à de douces rêveries et à de longues méditations.

Une fois sur le plateau, vous voyez sur votre droite, au milieu de jeunes arbres, des maisons neuves couvertes de grandes tuiles appelées *pannes* qui sont pour nous une importation de la Picardie. Ces maisons, qui datent à peine de dix années, entourent la belle briqueterie de M. Legros, commencée sur cette côte déserte, en 1841. Grâce à l'activité et à l'intelligence de son patron, cet établissement céramique est devenu un des plus importants du département. Pendant votre séjour à Dieppe, nous vous engageons à visiter ce centre de fabrication curieux par ses divers produits. Le chef en fait les honneurs avec une bonne grâce et une bienveillance parfaitement avenantes.

Sur votre gauche est le vieux hameau de Janval (Johannis vallis), connu dans l'histoire de Dieppe depuis l'origine de la ville. Là, fut fondée à la fin du xie siècle une maladerie pour les lépreux de la ville. On dit que ce fut une création de Guillaume-le-Roux, le fils du Conquérant. On montre encore les restes de la chapelle qui était dédiée à sainte Madeleine. C'est à présent une grange, mais qui porte dans sa construction des traces d'une magnificence inusitée. Par exemple, on remarque au pignon septentrional un vigoureux contrefort en pierre, tapissé d'un lierre énorme. — Vous n'apprendrez pas sans intérêt que là, dans cette chapelle abandonnée, prêcha en 1559 le célèbre Jean Knox, le grand réformateur de l'Écosse.

Les chroniqueurs dieppois prétendent que Guillaume-Longue-Epée, comte de Mortain, fils de l'Impératrice Mathilde et de Geoffroi-le-Bel, comte d'Anjou, y résida comme lépreux et même y fut inhumé. Mais, c'est là une erreur qui vient d'être relevée depuis deux ans par M. Léopold Delisle, jeune érudit qui promet à la Normandie et à la France un nouveau Ducange. Ce savant élève de l'*École des Chartes* assure et prouve assez bien, ce me semble, que Guillaume fut enterré en 1164 dans la cathédrale de Rouen; mais il ajoute qu'il avait donné aux lépreux de la *Cité de Jérusalem* onze livres de rente à prendre sur les étaux des bouchers d'Eu. Or, les lépreux de la *Cité de Jérusalem* sont bien ceux de Dieppe, mais du côté du Pollet. C'est peut-être là la cause de l'erreur.

L'étroite plaine de Janval est bientôt franchie et nous descendons la longue côte du Petit-Appeville en laissant au-dessous de nous la voie antique ensevelie dans le *Chemin cavé des Fontaines*. Au temps de la Ligue et des guerres civiles, ce passage fut gardé militairement. On voit encore dans les flancs de la colline deux embrâsures évidemment creusées pour recevoir des canons. Elles ressemblent de tout point à celles de la côte d'Étran, que la carte de la bataille d'Arques, publiée par M. Deville, nous représente garnies d'une pièce de campagne avec son affût [1].

Pendant que nous traversons la vallée de la Scie, il faut que je vous peigne en quelques lignes les divers changements qui s'y sont opérés depuis un siècle.

« Les bords la Scie furent autrefois couverts d'églises, de monastères et de menses canoniales. Depuis sa source jusqu'à son embouchure, on ne comptait pas moins de deux abbayes, de trois collégiales, de cinq chapelles et de dix-huit églises paroissiales. Un peuple de prêtres et de moines s'abritaient sous les bocages qui remplissent cette fraîche vallée, et le ruisseau modeste, en voiturant à l'Océan ses ondes, semblait aussi porter à Dieu des flots de prières. Cette petite vallée était un temple toujours ouvert, dont le parquet était une verdoyante prairie et dont le dôme était la voûte azurée du ciel.

[1] *Histoire du château d'Arques*, pl. VI.

» Mais les temps sont aujourd'hui bien changés! La Scie, cette pieuse rivière toute couverte de prieurés et de monastères, tout échelonnée de croix et de chapelles, qui ne roulait ses ondes qu'à travers des prés consacrés à Dieu, est devenue impie dans ces derniers temps. Dans sa cource révolutionnaire, elle a renversé jusqu'aux fondements églises et chapelles, collégiales et abbayes. On chercherait en vain la trace de ces saints oratoires, de ces cloîtres bénis où chanoines et religieux, prêtres et abbés, firent entendre si long-temps les saints cantiques de Sion.

» Si les monastères, si les églises sont rentrés sous terre, en revanche des usines et des filatures en sont sorties à la voix de l'industrie; des ponceaux, des viaducs, des remblais, des tranchées se dessinent à l'envi le long de la rivière. Un railway étend sa verge de fer, sur les cadavres des églises, sur les ossements des saints. A la place des cloîtres, on a créé dans le vallon des gares et des embarcadères. Au lieu du char antique sillonnant la vallée à la grâce de Dieu, et à la conduite d'un pieux pèlerin qui se signait devant chaque calvaire, on voit une locomotive à l'âme de feu, au cœur athée passer droite et fière devant la maison de Dieu sans jamais incliner son front d'airain [1]. »

[1] Les *Églises de l'arrondissement de Dieppe*, t. II, *Églises rurales*, p. 84-85.

Nous voici de nouveau sur la plaine et celle qui se présente à nous est fort belle. Elle n'a pas moins de six kilomètres de largeur et sa surface est droite et unie comme la mer. Aussi l'hiver son aspect est triste et monotone; mais l'été la vue en est agréablement récréée par la riche et ondoyante variété des moissons qui la couvrent.

A droite, vers la mer, nous laissons le village de Hautot, dont l'église, découronnée de sa flèche, domine à peine les arbres et les maisons qui l'entourent. C'est un édifice en grès de 1559, dont la tour, plus moderne encore, renferme trois cloches qui représentent trois paroisses : Hautot, Pourville et le Petit-Appeville.

De ce même côté, mais tout au bord du chemin, nous rencontrons un tronc de colonne encore posé sur son piédestal : c'est le fût d'une croix de grès appelée, par les habitants du pays, la *Croix à la Dame*. On dit qu'elle a été autrefois élevée sur le lieu même où une pauvre femme périt victime d'un crime resté inconnu et impuni. Renversée, comme tant d'autres, à la Révolution, cette croix, sculptée avec élégance, resta long-temps couchée sur l'herbe ; mais, un jour, un habitant de Hautot la recueillit dans sa ferme, où il la garda précieusement. On lit sur elle le chiffre de 1652. C'est peut-être l'année du crime ou celle de l'expiation. Ce pied de croix que nous voyons est resté sur la route, entouré de la vénération des peuples et salué par tous les habitants des campagnes. La nuit, on ne passe auprès qu'en tremblant, car dans les ténèbres plusieurs ont vu rôder à l'entour une *dame blanche*. Cette *Croix à la Dame*, je l'ai fait relever en 1855, et M. le curé de Hautot lui a donné la bénédiction de l'Église.

En suivant des yeux la série de cours et de maisons que forment, en s'alignant, les villages de Hautot, de Varengeville et de Blancmesnil, vous apercevez un édifice d'un genre tout exceptionnel. Ce n'est ni un château ni une ferme, et cependant il annonce une certaine magnificence. Des signes de décadence que l'on y remarque, une tourelle, sinon élégante, du moins originale, font soupçonner pour cet édifice une destination autre que l'usage champêtre auquel il est consacré. En effet, cette maison c'est le manoir d'Ango, jadis opulente villa, à présent simple métairie. C'est une reine descendue du trône, comme tant d'autres ; car la ruine est la fin de toutes les choses d'ici-bas.

Entre ce débris et vous, vous remarquerez peut-être un petit vallon, étroit et nu comme une gorge. Là, au milieu de quelques broussailles on montre encore le *cimetière de Saint-Martin*. D'après la tradition locale, c'était la première église de Blancmesnil. Transportée plus tard sur la côte de Sainte-Marguerite, là où est aujourd'hui le village, elle a été démolie à la Révolution, et l'on chercherait vainement la place des deux édifices.

Avant de descendre dans la vallée, vous remarquez, sur la gauche, un hameau grand comme un village, qui n'a point d'église, mais seulement un vaste château en brique, du temps de Henri IV ; c'est Touslesmesnils qui ne possède qu'une croix de grès de 1560 dans un carrefour, et une chapelle en brique du temps de Louis XVI, dans l'enceinte du manoir seigneurial.

Sur le versant de la côte de Touslesmesnils, dans le vallon du Beuzeval, un des affluents de la Saâne, on a découvert, en mars 1854, un cercueil des temps mérovingiens. Ce sarcophage, en pierre de Saint-Leu, contenait les restes d'une jeune fille de quinze ans, et quelques débris de parure échappés à un premier pillage, tels qu'une bague de cuivre, une fibule de bronze, une boule d'émail bleu, un couteau de fer, deux boucles d'oreilles en bronze avec des pendants en or, fort joliment travaillés, et surtout une boucle et deux plaques de ceinturon en fer, recouvertes d'une damasquinure d'argent du plus fin travail.

Au mois de juillet 1854, nous avons fait une fouille en règle dans ce champ des morts et nous y avons trouvé quatre-vingts fosses taillées dans la craie, contenant des squelettes de Francs des premiers siècles de la monarchie.

Ce cimetière avait été pillé dès le commencement de son existence, c'est pour cela que nous n'y avons pas trouvé d'objets précieux, mais simplement des vases et du fer, tel que sabres, couteaux, boucles et plaques, restes des sépultures primitives.

Pendant que nous descendons la côte d'Ouville, vous apercevez, du côté de la mer, deux pans de mur qui semblent s'incliner comme des vieillards courbés sous le poids des années. Ce sont deux témoins du passé qui nous disent où fut le vieux château de Longueil, dont les châtelains étaient au xive et au xve siècle de vaillants chevaliers et de pieux chrétiens. Les uns moururent à Azincourt, les autres à Poitiers ; l'un d'eux, Geoffroi Marcel, fonda en 1300, dans l'église Saint-Jacques de Dieppe, la chapelle de Saint-Sauveur, dite de Longueil. Il la dota de nombreuses rentes à prendre sur des maisons de Dieppe, qui relevaient alors de sa seigneurie. Ces maisons se reconnaissent encore aujourd'hui parce qu'elles portent gravées sur un grès ces quatre initiales S. S. D. L., Saint-Sauveur de Longueil. Vous trouverez dans la ville de Dieppe au moins une demi-douzaine de maisons qui portent ce signe religieux et féodal.

De ce château, qui fut puissant et redouté, il ne reste plus que des fossés à demi comblés, des tas de pierres et une lande inculte couverte de ronces et d'épines. Qui dirait, en voyant cet amas de broussailles, que là, sous le règne de saint Louis, le saint archevêque de Rouen, Eudes Rigaud, a reçu l'hospitalité lorsqu'il accomplissait ses fameuses *visites pastorales* ?

L'église de Longueil était alors un prieuré dont le pontife en inspectait les moines. Maintenant c'est une simple église paroissiale dont vous voyez la flèche d'ardoise s'élever gracieusement dans le paysage. Sa construction remonte entièrement au XVIe siècle. Le chœur alors était garni de verrières dont il reste encore quelques beaux fragments. Ce sont de grands personnages, tels que saint Jean-Baptiste, saint Louis, saint Antoine, saint Hubert, saint Martin, sainte Catherine, probablement les patrons des donateurs.

Dans cette église fut inhumé, le 27 septembre 1703, David Asseline, prêtre de Saint-Jacques de Dieppe, qui nous a laissé, écrit de sa main, un in-folio de 420 pages intitulé : *Les Antiquités et Chroniques de la Ville de Dieppe*, 1682. Ce travail de toute sa vie, il l'avait dédié, comme un bon prêtre qu'il était, à la divine Providence et à la vierge Marie. Ce fut bien avisé à lui, car il a fallu vraiment l'intervention de la main de Dieu pour conserver son manuscrit pendant cent soixante-dix ans, et le ramener à Dieppe, sa patrie, après les plus étranges et les plus longues pérégrinations. C'est toute une histoire et presque un roman ; mais espérons que maintenant il est au port et qu'il ne sortira plus de la bibliothèque publique, dont il est la principale richesse et le meilleur ornement.

Ce village de Longueil est véritablement charmant et très-joliment assis, dans une fraîche vallée. Vous en apprécierez encore mieux la situation gracieuse en montant la côte opposée, et en comparant sa verdoyante fraîcheur avec la stérile nudité des bouches de la Saâne.

Mais hâtons-nous de gagner la plaine pour arriver au Bourg-Dun, le but principal de notre excursion.

Nous laissons sur la droite, tout au bord de la falaise, le village et l'église de Quiberville. Cette pauvre église ressemble à une grange ; elle n'a plus de clocher ; les tempêtes le lui ont enlevé, jusqu'à ce qu'elles fassent disparaître l'église elle-même ; car cette chapelle est aujourd'hui abandonnée ; sans prêtre et sans entretien, elle ne tardera pas à périr. C'est là que fut baptisé le Père Perrée, oratorien et habile controversiste, qui, dans des conférences tenues à Angers, en 1683, convertit beaucoup de protestants.

Dans le cimetière de Quiberville, on a trouvé, en 1846, une croix en plomb qui contenait une formule d'absolution. Douze croix du même genre ont été rencontrées dans le cimetière de Bouteilles, près Dieppe, en 1842,

1855, 1856 et 1857. On en cite également une semblable rencontrée à Périgueux ; une autre à Lincoln, et une troisième à Chichester, en Angleterre. Ces croix remontent au XIe et au XIIe siècle. Elles étaient déposées sur la poitrine des morts, comme un préservatif contre les obsessions, et un viatique pour leur grand voyage.

Un peu avant de descendre dans la vallée du Dun, vous voyez sur votre droite un vallon solitaire qui va se perdre dans le versant principal ; là fut, dit-on, la vieille église de Saint-Denis-du-Val, détruite par les guerres. Elle aura disparu, peut-être, dans ce combat meurtrier que se livrèrent ici, le 8 juin 1589, les royalistes de Dieppe, commandés par de Chattes, et les ligueurs du pays de Caux, conduits par Fontaine-Martel. Ces derniers furent complètement défaits, et ils battirent en retraite sur Fécamp et le Havre. Mais ils firent acheter chèrement la victoire à leurs adversaires, et les chroniqueurs dieppois sont d'accord avec la tradition pour attester les ravages de cette terrible journée.

Depuis ce temps, l'église paroissiale avait été transportée à Flainville, dont elle avait pris le nom. Cependant, comme dernière trace de son existence, subsiste encore une foire très-fréquentée qui se tient tous les ans, le 9 octobre, sur l'emplacement même de l'ancienne paroisse.

On raconte qu'il y a un siècle environ, il s'est passé à

cette foire, une histoire curieuse qui a trop de ressemblance avec l'aventure du poète Ibicus pour n'être pas racontée ici.

« Un sire de Béate, gentilhomme de la contrée, avait été trouvé assassiné, dans un bois, le jour de la foire de Saint Denis. Seul, au milieu d'un désert, il avait eu beau crier, personne ne l'avait entendu. Levant alors les yeux au ciel, il avait vu une troupe d'oies traverser les airs et avait conjuré ces seuls témoins de son agonie d'être en même temps les vengeurs de sa mort.

» Vingt ans après cet événement, deux des assassins se trouvaient par hasard à la foire de Saint-Denis ; l'un d'eux voulut acheter une oie sauvage récemment abattue par des chasseurs : « Ne crains-tu pas, lui dit brusquement son complice, que ce ne soit une oie de Béate ? » Ce mot, échappé au souvenir d'un crime, fut recueilli par les assistants et transmis à la justice. On arrêta les indiscrets, qui ne tardèrent pas à faire connaître les coupables. Tous subirent le châtiment qu'ils méritaient sur le théâtre même de leur forfait, et justifièrent une fois de plus cet adage de la sagesse antique :

« Rarò antecedentem scelestum
Deseruit pede pæna claudo [1]. »

[1] *Les Églises de l'Arrondissement de Dieppe*, t. II. *Églises rurales*, p. 75.

Pendant que nous descendons la vallée du Dun qui nous apparaît dans toute sa grâce et sa fraîcheur, il faut que je vous engage à visiter sur la rive droite de cet antique ruisseau la curieuse chapelle du manoir de Flainville. C'est un petit monument de pierre dédié à saint Julien, fondé en 1323 par Estout de Gruchet, et longtemps desservi par des moines de Fécamp. Ce charmant oratoire du xive siècle a conservé des peintures murales contemporaines de sa fondation, chose rare parmi nous.

Ce fut aussi à Flainville que l'on rebâtit, en 1782, l'église de Saint-Denis-du-Val ; on lui donne pour auteur un nom célèbre, M. de Choiseul-Gouffier. La Révolution détruisit cette église qui venait de naître.

En face de Flainville, sur la rive gauche, on voit dans un massif de verdure l'église et le château de Saint-Aubin-sur-Mer. Cette terre est féconde en débris romains. On a recueilli des vases antiques près de l'église de Saint-Aubin, au lieu appelé « *la Cour des Salles ;* » et les restes du peuple-roi sont plus nombreux dans un petit vallon connu sous le nom de Saussemare. Il y a trente ans environ, MM. Sollicoffre et Estancelin ont recueilli dans cette gorge maritime de curieuses reliques qui ont été pour eux l'objet d'intéressants mémoires.

« Saint Denis et saint Aubin protègent encore l'embouchure du Dun. Ces deux pontifes des Gaules règnent sur ces prairies verdoyantes, sur cette fraîche vallée, sur cet humble ruisseau qui ne pénètre à la mer qu'à travers les galets de la plage. Aussi, lorsqu'il arrive au rivage, il épanche ses eaux comme un lac dans des rives hautes et élargies. Des arbres l'accompagnent presque jusqu'à l'Océan, et les troupeaux ne cessent de paître paisiblement sur ses bords. Les côtes qui encaissent cette petite rivière sont basses et aplanies ; les falaises qui l'environnent ne sont guères que de simples remparts en terre qui le défendent de la mer. A droite et à gauche sont des batteries avec leurs fourneaux, leurs corps-de-garde et leurs poudrières. Ces monuments de la guerre ont duré ici plus long-temps qu'ailleurs, grâce à la paix profonde dont jouissent ces heureuses campagnes [1]. »

Mais nous voici au Bourg-Dun. Ce n'est qu'un village, toutefois, le nom de *Bourg*, qu'il unit à celui de sa rivière, suppose une importance passée. En effet, le sol renferme encore bon nombre de médailles romaines. Nous possédons un beau Valentinien en or trouvé, il y a quinze ans, sur le territoire de cette paroisse. En 1847, un berger a rencontré un vase contenant environ trois cents monnaies de billon des Césars du IIIe siècle.

Le nom de *Dun* porté par la rivière et par le village est

---

[1] *Les Églises de l'Arrondissement de Dieppe*, t. II. *Églises rurales*, p. 77.

une vieille désinence gauloise que l'on rencontre très-fréquemment à l'époque gallo-romaine. On compterait peut-être bien cinquante villes, cités, *castrums* ou *villas* de l'ancienne Gaule qui portèrent dans leur nom la terminaison « *Dunum*. » — Une querelle scientifique sur l'origine et le sens du mot *Dunum*, s'éleva au siècle dernier, entre dom Duplessis et l'abbé Lebeuf, qui publièrent à ce sujet trois dissertations dans le *Mercure de France*. L'abbé Lebeuf faisant à pied son tour de Normandie, avait passé le Dun en septembre 1707 [1]. Tandis que d'autres enregistrent si précieusement le passage des princes de la terre, nous, nous recueillons avec respect, le passage plus modeste, mais plus touchant des princes de la science.

Le nom primitif du pays où nous sommes, du moins celui que l'histoire la plus anciennement écrite lui attribue, est Evrard-Eglise, « *Evrardi* ou *Ebrardi Ecclesia*. » Au xe siècle, quand ce domaine fut donné par Richard II, duc de Normandie, à Dudon, chanoine de Saint-Quentin en Vermandois, et historien de la Normandie, le bénéfice s'appelait l'*Abbaye*. Le titre d'*Abbaye* que le peuple garde encore à l'église actuelle, viendrait, dit-on, d'un ancien monastère fondé au temps des Francs et détruit par les Normands. Là-dessus, nous

[1] Le *Mercure de France* de janvier 1736, p. 22.

sommes réduit à la tradition et aux conjectures, sauf toutefois le témoignage des savants Bénédictins, rédacteurs de « *Gallia Christiana* [1]. »

Ce qui est très-certain, c'est qu'en 997, Evrard-Eglise, aujourd'hui le Bourg-Dun, fut donné d'abord à Dudon, puis à la collégiale de Saint-Quentin avec la Chapelle-sur-Dun, Sotteville-sur-Mer et Saint-Nicolas de Veules.

Ce fut le 8 septembre 1015 que l'acte solennel de la donation en fut passé dans la cathédrale de Rouen, en présence du duc et de la duchesse de Normandie, des évêques et des abbés de la province.

L'église qui nous reste est fort belle, mais elle est de près de cent ans postérieure à la concession normande.

On trouve un peu tous les styles dans cette église, mais l'extérieur rude et sévère ne laisse rien apercevoir au voyageur que le tuf romain ou la pierre carrée de l'ogive primitive. Le clocher cependant appartient à l'élégante architecture du XIIIe siècle, mais il est tellement mutilé, délabré, découronné ; ses hautes lancettes sont tellement emmaillottées dans des *ouies* de bois, qu'il perd ainsi tout son caractère artistique pour ne revêtir que l'austérité d'une tour carrée des premiers temps. Ajoutons que la flèche en hache du temps de Henri IV ou de Louis XIII, qui le surmonte, ne fait que confirmer ses premières

[1] *Gallia Christiana*, t. XI, p. 124.

données de tristesse et de pesanteur. Cependant les trois tourelles pointues qui ornent cette église, lui donnent un cachet particulier en même temps qu'elles égaient et qu'elles relèvent cette masse qui ne serait qu'imposante et nue.

Ajoutons à ce que nous venons de dire que des lézardes, des crevasses, des soufflures, des gerçures se font voir sur tous les côtés de cet édifice qui demande à grands cris d'importantes réparations. Voilà trois siècles peut-être qu'on n'y a travaillé avec la moindre intelligence de lui-même, car nous ne pouvons que ranger parmi les mutilations l'affreux portail exécuté sous Louis XVI.

En 1850 nous avons été assez heureux pour obtenir du conseil-général de la Seine-Inférieure le classement de cette église parmi les monumenst historiques de ce département. Depuis ce temps l'administration départementale lui a octroyé 2,500 fr., la commune a voté 2,000 fr., ce qui pour elle est un grand effort : mais qu'est-que cela pour les besoins d'un pareil édifice ? quand on songe qu'il faut 10,000 fr. rien que pour empêcher le clocher de tomber.

Toutefois la plus grande beauté de cette église est intérieure, hâtons-nous donc d'y pénétrer.

Entrons-y de préférence par la jolie petite porte méridionale, tout encadrée de sculptures de la Renaissance, à peu près comme une fenêtre du manoir d'Ango, ou comme une arcature du trésor de Saint-Remy de Dieppe.

La nef est un vaisseau roman un peu abaissé, mais plein de caractère ; les colonnes, un peu courtes peut-être, sont couronnées de curieux chapitaux dont les motifs appartiennent tous à l'architecture à plein-cintre. On en trouverait les analogues dans l'abbaye de Fécamp. Eh ! bien, sur ces piliers qui paraissent destinés à des cintres, l'architecte a placé des ogives primitives. Ce qui nous donne pour date de cette partie de l'église la première moitié du XIIe siècle, car c'est à cette époque, selon nous, que prit naissance, ici, le premier système ogival.

Des deux allées latérales, celle du Nord percée de cintres, remonte évidemment au XIe siècle ; celle du Sud au contraire, construite d'abord au XIVe siècle, a été reprise en sous-œuvre au XVIe.

Le clocher est un corps-carré dont quatre vigoureux piliers supportent la modeste lanterne, les chapitaux qui décorent les colonnes offrent la plus luxuriante végétation du XIIIe siècle ; ils sont d'un style très-pur et très-développé.

Le transept Nord appartient à la plus sombre architecture romane. L'obscurité y est presque complète, ce qui contraste beaucoup avec les flots de lumière qui inondent le transept Sud, qui est du xvie. Symboliquement parlant, l'un représente le Ciel et l'autre l'Enfer.

Le chœur, très-irrégulier, me paraît appartenir à la transition du xiie siècle.

Du chœur, on communique au Midi avec une chapelle latérale, très-bel ouvrage du xive siècle. La fenêtre terminale a six compartiments, les trois autres en ont quatre. Toutes sont surmontées de trèfles, de roses ou de quatre-feuilles. Il est vraiment fâcheux que les verrières aient disparu ; il n'en reste plus que quelques fragments du xvie siècle.

Mais la partie la plus riche de l'édifice, c'est le transept méridional, vrai chef-d'œuvre du règne de François Ier. On ne peut rien voir de plus gracieux, de plus fin, de plus délicat que toutes ces découpures de pierre qui tapissent les murs et qui retombent des voûtes. Des statues sont encadrées dans des niches ravissantes, sculptées avec un art infini. Des arceaux multipliés des voûtes, jaillissent des crochets, des culs-de-lampe, et des pendentifs d'une légèreté surprenante.

Cette merveilleuse chapelle était consacrée à la Passion du Sauveur, et elle renfermait jadis un Saint-Sépulcre détruit à la Révolution. Nous devons bien en regretter les personnages, car, à en juger par le travail qui les encadrait, ils devaient être du plus grand mérite.

La Renaissance païenne qui a décoré cette chapelle y a placé son cachet d'une manière toute particulière. Parmi les sculptures, vous remarquerez plusieurs des folles libertés de ce temps. Et à côté de ces emblêmes de la légèreté la plus étourdissante, on a joint les symboles de la gravité la plus sérieuse, des têtes de mort, des urnes et des vases funéraires : étonnante alliance de l'allégorie païenne et d'un sujet chrétien !

Cette chapelle, du reste, est si admirablement découpée, les festons de pierre y sont si élégament suspendus aux arceaux, que l'on est tenté d'attribuer ce travail aérien à une autre main qu'à une main humaine. Aussi l'on se sent très-disposé à accepter la tradition populaire qui affirme que cette chapelle a été bâtie par la *main des fées,* et que ces puissants artistes *ayant oublié de placer une pierre derrière le confessionnal, jamais il n'a été possible à nul architecte d'en faire tenir une autre à sa place* [1].

Nous pensons qu'après avoir visité cette église, vous ne regretterez point votre voyage. On trouve ici presque tous les spécimens de l'architecture du moyen-âge ; on peut y faire une véritable étude d'ecclésiologie.

Pendant que vous êtes au Bourg-Dun, et avant de retourner à Dieppe, vous pourrez, si le temps est beau

[1] *Les Églises de l'Arrondissement de Dieppe,* t. Ier, p. 268.

et que le cœur vous en dise, remonter la charmante vallée du Dun jusqu'à sa source La course n'est pas longue et la route est superbe. Vous jouirez d'un charmant paysage toujours riant et toujours frais ; puis vous aurez le plaisir de passer en revue quelques monuments qui ne sont pas sans intérêt. Nous vous signalerons en face de La Gaillarde et dans une cour de ferme un petit édifice qui sert aujourd'hui de cellier, c'est l'ancienne chapelle de Sainte-Marguerite-du-Dun dont la porte romane mérite de fixer l'attention des antiquaires et des artistes, ainsi que vous pourrez en juger par la planche qui suit.

A la source de la rivière est le bourg de Fontaine-le-Dun, dont l'église perchée sur la colline renferme un délicieux baptistère de la fin du xve siècle, ainsi que vous pourrez l'apprécier par la seconde gravure.

Cela vu, vous pouvez quitter les bords du Dun et reprendre le chemin de Dieppe par Avremesnil.

Avremesnil, anciennement *Evrardi Mansionile*, est peut-être tout ce qui reste du nom de ce fameux Evrard, seigneur franc ou normand qui, au xe siècle, avait donné son nom à cette contrée. Comme trace de son passage, restait encore un vieux château féodal long-temps possédé par la famille de Pardieu, une des plus anciennes et des plus honorables de ce pays. Ce castel d'Avremesnil, que les vieillards ont encore connu très-intéressant, est com-

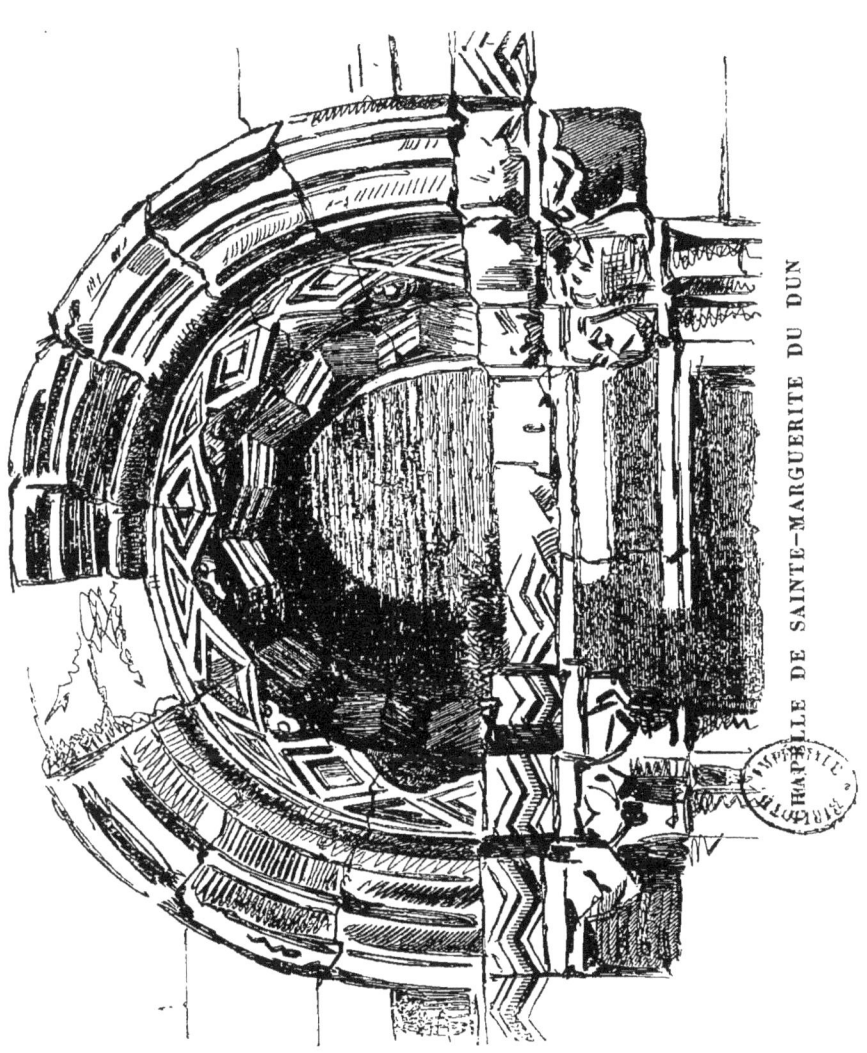

CHAPELLE DE SAINTE-MARGUERITE DU DUN

plètement détruit depuis moins d'un demi-siècle. Aujourd'hui, vous en chercheriez vainement la place.

La seule chose un peu ancienne qui reste à Avremesnil, c'est l'église et encore le corps de l'édifice n'est qu'une construction en grès du xvie siècle, sans style et sans caractère. Mais les réformateurs du monument primitif ont su respecter le vieux clocher en tuf du xie siècle. C'est un corps-carré percé de cintres romans bien accusés et couronné d'une corniche de têtes grimaçantes, suivant le goût de cette époque reculée. Le détail le plus pittoresque de cette tour, c'est l'escalier des cloches, tourelle circulaire placée à un des angles et qui se termine par un toit pointu. Ce petit minaret mérite d'être visité : M. Vitet en fait le plus grand éloge dans son *Histoire de Dieppe*.

Sur le plateau où nous sommes, à la suite d'Avremesnil, s'allongent les villages de Luneray et de Gruchet-Saint-Siméon, berceau du protestantisme dans nos contrées et encore aujourd'hui le dernier boulevard de la prétendue réforme. Ce pays tout couvert de tisserands était très-industriel au xvie siècle, et ce fut parmi ses ouvriers que la *Nouvelle Doctrine* se faufila. Elle s'introduisit par des petits livres écrits contre le clergé, les saints et la Vierge, pamphlets que portait dans une banette le colporteur Vénable envoyé par Calvin lui-même, de Genève en Normandie. Ce fut de Luneray que le *Nouvel Évangile* descendit à Dieppe, toujours enveloppé dans le manteau de l'industrie. A présent, Dieppe et le plateau de Luneray ont perdu bon nombre de leurs dissidents, et nous pensons même que le temps tout seul suffira pour détruire ce qui a résisté à la Ligue, aux Dragonades et aux Édits. Pas n'est besoin de dire que nous préférons cette extinction naturelle à toute mort violente.

D'Avremesnil, on descend tout naturellement à la vallée de la Saâne par Saint-Denis-d'Aclon, ancienne paroisse restée commune et qui, grâce à l'industrie, pourra bien redevenir ce qu'elle était. Depuis quinze ans environ, M. Tassel y a établi une filature devenue la plus importante de l'arrondissement et l'une des mieux tenues de notre département qui pourtant en possède un si grand nombre et de si remarquables.

Cette usine a attiré autour d'elle beaucoup d'ouvriers, et un jour, ces fidèles rassemblés rouvriront l'église qu'ils ont eu soin de conserver et d'entretenir. Ce n'est pas que ce soit un monument, mais enfin elle sera leur maison de prières.

Toutefois, le chœur en pierre tuffeuse appartient à l'ogive primitive du XIIe siècle.

Le dernier curé de Saint-Denis-d'Aclon, mort exilé en Angleterre, était M. Ricard, ancien menuisier-sculpteur,

BAPTISTÈRE DE FONTAINE-LE-DUN.

qui avait confectionné lui-même presque tout le mobilier de son église, avant de devenir curé de cette paroisse où il était né; on dit qu'il avait été maître de chapelle du Roi.

Avant de traverser la Saâne pour gagner Ouville, nous pourrions vous conduire un moment sur les rives de cet antique ruisseau; son bassin est un grand centre de population, et une foule de clochers l'échelonnent à chaque pas.

D'abord, c'est Ribeuf dont la chapelle, à présent démolie, servit autrefois de prieuré à des moines de l'abbaye de Tiron, près Chartres; puis Gueures dont l'église, en partie, va du xie au xiiie siècle; le Gourel dont l'église romane renferme des tombeaux de tous les âges; Brachy, qui occupe le milieu de la vallée, est une terre antique toute persemée de terrassements et de fortifications; son église fut jusqu'à la Révolution le titre d'un des trois doyennés du Petit-Caux.

En remontant toujours le cours de la rivière, nous arrivons à Saint-Ouen-sur-Brachy, dont l'église délaissée renferme une contretable en bois, du xvie siècle. Puis vient le Bourg-de-Saâne, jadis prieuré de nonnes, dépendant de l'abbaye de Saint-Amand de Rouen. Ce fut au Bourg-de-Saâne que naquit, au xiiie siècle, Guillaume de Saâne, chanoine et archidiacre de Rouen qui, en 1268, fonda, à Paris, le *Collége des Trésoriers*, pour les pauvres clercs du Pays de Caux. Enfin, pour ne pas remonter jusqu'à la source, nous citerons encore Thièdeville dont les champs sont remplis de débris romains tels que tuiles à rebords, poteries rouges et grises et monnaies de tous les Césars. Là, disent les habitants de la vallée, fut autrefois la *ville* de *Tiède*. Ce qui est plus sûr, c'est que le bassin de la Saâne, depuis sa source jusqu'à son embouchure, fut un grand centre de population pendant le gouvernement des empereurs. Aussi la Saâne est la plus romaine de toutes nos rivières.

Après cette excursion, aussi rapide que la pensée, nous revenons à Ouville que le peuple surnomme parfois les Trois-Rivières, parce que là, en effet, se réunissent trois ruisseaux : la Saâne, la Vienne et le ruisseau qui baigne le château d'Ouville.

Le château d'Ouville est une charmante petite construction du XVIe siècle, où la brique et la pierre sont mélangées avec art et avec goût, comme on savait le faire à cette époque et comme on ne le sait plus de nos jours. Il a été réparé récemment, et l'effet qu'il produit en ce moment, est délicieux. Il est flanqué de quatre petites tourelles, jadis moyens de défense, aujourd'hui objet d'ornement et de décoration ; car il faut savoir que ce gentil châtelet, séjour du calme et de la paix, fut aussi une citadelle de guerre. En 1562, les protestants dieppois le prirent et le pillèrent dans leurs courses iconoclastes. En 1589, c'était un autre drapeau qui flottait sur ses murs. Les couleurs de la Ligue furent arborées dans ce village par le capitaine Dupré et ses braves cavaliers. Mais le royaliste de Chattes les délogea bientôt, et la cornette blanche du commandeur fit pâlir les trois couleurs de la *Sainte-Union catholique*.

Toutefois, aujourd'hui, tout est calme et pour longtemps, nous l'espérons. Aussi les eaux que le génie de la guerre amenait autour du château pour sa défense, sont utilisées à présent, par les jardiniers-paysagistes, pour l'ornement du parc et du jardin. Le château d'Ouville est frais comme un bouquet, et sa situation est vraiment ravissante dans la belle saison.

L'église, placée sur le penchant de la colline, se trouve dans une position délicieuse. Elle est entourée d'arbres frais, et elle commande fièrement la vallée. Bâtie en tuf, au xie siècle, elle n'a gardé de cette époque reculée que le clocher, corps-carré entre chœur et nef, surmonté d'une flèche d'ardoise suivant l'usage général de la Haute-Normandie. Le reste date du xvie siècle et n'est pas sans caractère. Un Saint-Sépulcre fut autrefois dans le transept du Sud, devenu à présent une charmante chapelle, grâce à la bienfaisance de M. de Touslesmesnils. Avec le testament de cet homme charitable, on a exécuté le transept du Nord. Parmi les morceaux qui décorent la chapelle méridionale, vous distinguerez, à coup sûr, une belle contretable en bois à colonnes torses, de la première moitié du xviie siècle. Elle provient de la chapelle des anciens Capucins de Dieppe.

Depuis le xie siècle jusqu'à la Révolution, l'église d'Ouville dépendit toujours du prieuré de Longueville, comme si la terre avait appartenu primitivement aux fameux Giffard, comtes de Buckingham.

Avant de remonter la côte, ne manquez pas de vous faire montrer la maison de campagne que posséda, ici, Abraham Duquesne, le célèbre marin dieppois. Le peuple en a conservé la mémoire, et l'étranger doit en faire un de ses souvenirs de voyage.

Pendant que nous traversons la plaine pour gagner Offranville, vous apercevez sur votre droite un clocher qui s'élève au-dessus des campagnes, c'est le clocher du Thil-Manneville, qui porte dans son surnom un titre célèbre dans ce pays. C'est qu'en effet, c'est près du Thil qu'est située la terre de Manneville, assez puissante pour avoir été érigée en comté par lettres-patentes de Louis XIV, du mois de janvier 1668. Les deux derniers titulaires furent gouverneurs de Dieppe. A présent, le château a disparu, et la terre vient d'être vendue aux enchères, par les héritiers des Manneville. Aussi, en ce moment, ce n'est plus qu'une ferme, tombée entre les mains du travail et de l'industrie.

Nous voici au haut de la côte du Petit-Appeville que nous ne descendrons pas immédiatement. Pour le moment nous tournons à droite, vers ce village planté de hautes-futaies, dont vous voyez culminer, depuis long-temps, la longue flèche d'ardoise.

Tous nos villages cauchois possèdent de belles futaies de hêtres frais, touffus et élevés ; car cet arbre est l'ami du pays de Caux. Mais bien peu comptent d'aussi belles et d'aussi nombreuses clairières que celui d'Offranville où nous entrons. Les premières que nous rencontrerons sont celles de M. de Bois-Hébert, qui ombragèrent en 1813 le front découronné de la reine Hortense et de son jeune fils Louis-Napoléon, à présent l'Empereur Napoléon III. Le puissant monarque s'est souvenu du séjour qu'il fit enfant dans ce petit château d'Offranville, car en 1853, pendant les vingt jours qu'il a passés à Dieppe, il a voulu en revoir les fraîches avenues.

C'est encore à travers de belles futaies que l'on pénètre à l'église intéressante sous plusieurs rapports. D'abord dans le cimetière vous admirez un if dont le tronc présente une circonférence de plus de 6 mètres et de près de 7, car il compte 20 pieds de tour. C'est un des plus remarquables de la contrée.

Une fois dans l'église, vous pourrez lire les inscriptions, vous occuper à déchiffrer les armoiries et surtout à étudier et à admirer les vitraux qui restent et dont elle fut autrefois complètement remplie.

A présent il ne reste guères dans le chœur qu'une *Pentecôte* et une *Sainte-Catherine;* mais ces deux morceaux sont d'une grande finesse. Toutefois le spécimen le plus curieux est la fenêtre de la sacristie, représentant le chapitre de la Genèse qui raconte la *Création et la Chute de l'Homme.* C'est là un drame digne de l'intérêt de tous les visiteurs. Vous n'oublierez pas non plus une *Sainte-Anne apprenant à lire à la Sainte-Vierge.* C'est un morceau délicieux.

Si vous avez le temps de consulter les poudreuses archives de la fabrique, vous y apprendrez que l'église, commencée en 1517, n'a été terminée qu'en 1646. Vous pourrez en suivre la construction année par année. Vous y verrez aussi qu'Offranville posséda un collége fondé par un de ses curés, maistre Jehan Véron, mort en 1620, lequel donna, par testament, une rente de 1,500 livres pour les pauvres. Cette rente a servi à doter et fonder l'hospice de Dieppe, en 1668.

Si vous interrogez la tradition elle vous apprendra que par suite d'un double vœu fait dans des maladies contagieuses, les paroissiens d'Offranville font chaque année, le 1ᵉʳ mai, une procession et un pèlerinage à la chapelle de Notre-Dame-des-Vertus, près Dieppe, dont nous allons vous raconter l'histoire en regagnant la ville et que vous pourrez visiter pendant votre séjour.

« Cette petite chapelle, toute en brique avec un frêle clocher sur le portail, a été fondée, le 25 mai 1637, par David Valle, bourgeois de Dieppe, qui la donna à l'abbé de Fécamp, seigneur de la baronie du Jardin. L'humble oratoire s'appuyait ainsi sur le grand monastère, comme le lierre s'accroche aux murailles, comme le chèvre-feuille enlace les chênes de la forêt. A l'entrée du verger, fut plantée, en 1657, une croix de grès que la Révolution a brisée. On lit sur le piédestal, entouré de gazon : « † (*Croix*) *de N.-D. des Vertus.* » C'était comme la colonne milliaire destinée à indiquer aux pèlerins la route de la chapelle.

» Deux ans après l'érection de cette croix de pierre, une paroisse entière passait près d'elle et venait demander à Notre-Dame la cessation d'un fléau qui la ravageait. Le 1er mai 1659, les habitants d'Offranville apportèrent, processionnellement, une image de la sainte Vierge qu'ils déposèrent sur l'autel, en demandant la guérison de leurs malades et en promettant, chaque année, un retour fidèle.

» Le fléau cessa, mais les paroissiens oublièrent leur vœu. Frappés de nouveau en 1718, ils revinrent, le 9 mai, avec une ferveur nouvelle; mais cette fois ils écrivirent, sur le mur, l'engagement solennel qu'ils prenaient comme s'ils voulaient dire : « Si nous oublions notre promesse, les pierres mêmes parleront pour nous la rappeler. » Voici, du reste, l'inscription qu'ils ont laissée.

» *Ad perpetuam rei memoriam.*

» L'an 1659, la paroisse d'Offranville étant infestée
» d'épidémie, le clergé et les paroissiens dudit lieu, firent
» vœu, à Notre-Dame-des-Vertus, d'y apporter cette image
» processionnellement. L'ayant ici laissée, le mal cessa
» aussitôt miraculeusement. — Le 9 de mai 1718, a été
» renouvelé le vœu par le respectable clergé et les pieux
» paroissiens de la susdite paroisse, pour une pareille
» maladie, et ont obtenu l'effet de leurs prières par l'in-
» tercession de la sainte Vierge, reine des Vertus. »

» Depuis ce temps, Offranville n'a point cessé son pèlerinage. C'est chose charmante de voir, le matin d'un beau jour de mai, arriver ces pieux laboureurs demandant à la reine des Vertus de bénir leurs moissons naissantes et leurs arbres en fleurs. Parfois on voit de jeunes enfants, le jour de leur première communion, venir, avec des robes blanches, consacrer à Marie les prémices de leur innocence et le printemps de leur vie. Bien des âmes souffrantes ont déposé sur l'autel, de pieuses images qui sont restées là comme de continuelles prières [1]. »

[1] *Les Églises de l'arrondissement de Dieppe : Églises rurales*, p. 93.

PROMENADE

De Dieppe à Arques par Saint-Pierre-d'Épinay, Rosendal, Bouteilles, la Moinerie et Machonville ; retour par Archelles, le Champ-de-Bataille, Martin-Église, Étran et Bonne-Nouvelle.

Malheureusement, nous n'aurons cette année que le temps d'esquisser rapidement la promenade d'Arques, la plus recherchée et la plus indispensable de toutes celles qui se font à Dieppe pendant la saison des bains. Quelques-uns vont à Arques dans un bateau, en remontant le cours de la *Dieppette* formée de trois rivières réunies, l'Eaulne, la Béthune et la Varenne ; mais le plus grand nombre suit la vieille chaussée qui longe les collines encaissant la ville de Dieppe du côté du couchant. C'est cette même route, à présent classée sous le titre de chemin de grande communication n° 1er de Dieppe à Argueil, que nous suivrons aujourd'hui. Elle est devenue on ne peut plus facile, grâce aux travaux opérés par la voirie départementale de 1836 à 1850. Déjà toutefois, on peut voir qu'elle est trop étroite à cause de l'étonnante circulation qui s'est développée sur elle depuis quelques années. Constamment elle est fréquentée, mais l'été, pendant trois mois, elle est encombrée de piétons, de voitures, d'équipages, d'*omnibus*, de cavaliers et de caravanes d'enfants montés sur des ânes; aussi son élargissement est-il décidé pour un prochain avenir.

Nous sortons de Dieppe par l'antique porte de la Barre qui se rattache à l'origine même de la ville de Dieppe. Nous longeons tout un quartier neuf bâti depuis quelques années, composé de fraîches maisons et de jardins soigneusement entretenus. Je dois vous signaler l'établissement de M. Racine, horticulteur de mérite qui, à un jardin fort bien tenu réunit une charmante collection d'insectes. Par son cabinet et ses connaissances spéciales, il représente à Dieppe l'entomologie, comme M. J. Hardy y représente l'ornithologie.

Admirons en passant les grands travaux du nouvel hospice de Dieppe qui vont assainir la vallée, et former ici une ville nouvelle. Une coupure gigantesque, pratiquée à même la colline, fournit la terre nécessaire au remblai du vallon, dont le niveau va s'élever ainsi à la hauteur du sol même de la ville. Depuis un siècle ou deux les eaux de la mer ne pénètrent plus dans cette vallée jadis leur domaine exclusif; désormais les torrents et les alluvions des vallées n'y entreront pas davantage, car ils seront arrêtés par les puissants remblais de l'hospice et du chemin de fer.

Ce chemin de fer, dont nous voyons à notre gauche l'assiette gracieuse, c'est un isthme ou une presqu'île jetée sur un océan de verdure. Commencé en 1846 en vertu d'une loi votée le 14 juillet 1845, il a été inauguré le 29 juillet 1848. Tout le vaste terre-plein sur lequel s'est assis l'embarcadère avec ses entrepôts, ses magasins, ses ateliers, ses fours et ses chantiers, tout cela a été pris à cette énorme coupure de Saint-Pierre qui s'ouvre sur votre droite, à l'embouchure du vallon de Janval.

Ce hameau de Saint-Pierre était connu jadis sous le nom d'Épinay. C'est le titre que lui donne la charte de l'archevêque Flavacourt qui, en 1282, partagea la ville de Dieppe en deux paroisses; mais, comme point d'habitation, il remonte bien au-delà du xiiie siècle. Nous l'avons reconnu en 1847, lorsque le chemin de fer ouvrit la grande tranchée où il passe à ciel ouvert. Pendant les travaux de déblaiement on trouva une trentaine de squelettes de l'époque franque, et probablement de la période carlovingienne; nous avons remarqué surtout, dans ce cimetière inconnu, trois sarcophages en pierre de Saint-Leu et quelques vases en terre noire, semblables à ceux des Francs, nos pères.

Ces débris humains, soulevés ainsi par l'industrie et la spéculation, étaient vraisemblablement les restes des anciens sauniers qui, dès le VIIe siècle, exploitaient les salines dont cette prairie était couverte. En face et tout près de vous, vous pouvez voir encore, sur votre gauche, une motte de terre faite de main d'homme, que quelques-uns nomment encore la *Butte des Salines*, pensant qu'elle a servi autrefois à la fabrication du sel; pour nous, nous croyons qu'elle renferme elle-même dans ses flancs le secret de son origine et le motif de son existence.

Ce fut seulement à partir du XVIe siècle que le hameau d'Épinay prit le nom de Saint-Pierre, à cause d'une chapelle construite en 1573, en l'honneur de saint Pierre-ès-Liens et de saint Firmin, martyr d'Amiens. Elle était l'œuvre de deux frères hermites dont les noms ne sont connus que de Dieu; la Révolution l'a supprimée, et depuis on en chercherait vainement la trace.

Sur la côte qui domine ce modeste hameau, des batteries furent établies par le chef de la Ligue lorsqu'il vint assiéger Henri IV, dans les murs mêmes de Dieppe. Ce fut le 26 septembre 1589, cinq jours après la bataille d'Arques, que Mayenne se permit cet excès d'audace, fier de sa nombreuse armée. On montre encore dans la prairie le point où il traversa la rivière d'Arques ou la *Dieppe*, comme vous voudrez l'appeler. Il ne manque pas de braves gens et même de chroniqueurs pour vous dire qu'il tarit un moment le petit fleuve avec un *baril de vif-argent*.

De Saint-Pierre nous arrivons par une route délicieuse au vallon de Rosendal, jadis guinguette célèbre comme les *Rosendals* de Dunkerque, de Hambourg et de Stockholm, à présent devenue une charmante maison de campagne. Ici coula sans doute quelque petit ruisseau, car la charte de 1282 et les titres ultérieurs appelaient ce hameau le *Val-Druel* ou le *Vallon de Ruisseau,* avant qu'il eût été baptisé par les corsaires flamands du premier empire.

De Rosendal un chemin enchanteur nous conduit à Bouteilles. Bouteilles, humble village dont le nom même a péri, car l'administration ne le connaît plus que comme une affixe de Rouxmesnil. Autrefois pourtant, ce fut une puissance, une propriété ducale, un fief archiépiscopal, et, par-dessus tout, un centre d'industrie où chaque grandeur d'alors se disputa une parcelle de terrain. Nous passons derrière la chaumière qui fut jadis la *haute justice,* et le long du clos où se tenaient les *plaids,* la *cohue* et l'assemblée de la Saint-Jean, la fête du pays. Avant d'arriver au cimetière que traverse le nouveau chemin depuis 1842, accordons un regard à une vieille gentilhommière construite en grès et en caillou noir, dans l'appareil de la fin du xvie siècle. Au temps de Louis XIII, cette maison devint la propriété des Jésuites qui jusqu'en 1762, en firent une annexe de leur résidence de Dieppe.

Vous cherchez vainement l'église dédiée d'abord à saint Aubin puis à saint Saëns et démolie vers 1806. Donnée au monastère de saint Wandrille dès 672 par le roi Childéric II, volée par les Danois de Rollon, elle fut restituée au nom des Normands convertis par le duc Richard II, dans la charte délivrée à Fécamp, l'an 1024 de notre ère.

De l'histoire de cette église nous ne connaissons guère que la légende du *Loup de Bouteilles,* que je vais vous raconter.

Un loup, sorti de la forêt d'Arques, poursuivait un agneau qui paissait dans la prairie ; cet agneau s'enfuit à l'aspect du loup, entraînant avec lui le piquet auquel il était attaché. La frayeur le poussant vers l'église, il trouve la porte ouverte et il y entre : le loup l'y suit. L'agneau fait le tour des nefs, puis ressort par la porte, toujours poursuivi par son adversaire. Le piquet accroche la porte et la ferme ; le loup, alors, reste pris dans l'église ; les bêlements de l'agneau appellèrent les habitants qui apercevant le loup, se mettent en devoir de l'assommer, ce qu'ils firent.

Par une idée assez étrange, dont le moyen-âge seul

s'est montré capable, l'image du loup fut sculptée sur pierre et placée au portail selon les uns ; au sommet du pignon de l'ouest selon les autres. Le beau sire a trôné là jusqu'à la ruine de l'église, il y a cinquante ans à peine. Nous regrettons vivement la perte de cette image grotesque, qui par son souvenir se rattachait à la famille du loup vert de sainte Austreberthe. Ce dernier pendant longues années, porta le linge des moines de Jumièges, aux religieuses de Pavilly.

Autour de cette église de Bouteilles, désormais nivelée jusqu'au sol, des fouilles faites de 1842 à 1857 nous ont révélé la présence d'environ 40 cercueils de pierre du XIe et du XIIe siècle, rangés presque tous sous la gouttière de l'église. Quinze de ces cercueils contenaient des croix de plomb, découpées comme des croix de Malte, et placées sur la poitrine des morts, qui les pressaient sous leurs bras croisés. Ces croix couvertes de caractères gravés à la pointe, contenaient des formules d'*oraison*, d'*absolution* ou de *confession*. Ces images et ces prières prouvent de la part de nos pères, une foi bien vive, non-seulement en la croix du Rédempteur, mais encore en la confession des péchés et en l'absolution du prêtre.

Ces croix, maintenant déposées à la bibliothèque de Dieppe et au musée de Rouen, ont été publiées avec illustration dans les meilleurs recueils archéologiques de

Caen, de Rouen, de Paris et de Londres. Jusqu'ici des croix pareilles sont rares, quoiqu'on en signale quelques-unes en France et en Angleterre.

Outre ses cercueils de pierre et ses croix de plomb, le cimetière de Bouteilles a encore donné près de deux cents vases en terre cuite, forés, noircis par le feu et contenant du charbon. Quelques-uns de ces vases ont renfermé de l'eau bénite, jetée ainsi dans la fosse des morts, d'autres contenaient des parfums destinés à embaumer les corps, mais la plupart ont possédé du charbon allumé, sur lequel on faisait brûler l'encens pendant les funérailles. Tous ces usages chers à nos pères des siècles passés, sont à présent bien loin de nous.

Les hommes qui remplissaient ces sarcophages, qui possédaient ces croix et que l'on accompagnait de ces vases, étaient d'anciens saletans ou sauniers de Bouteilles, de Machonville et de Bernesault. Car il faut bien le dire, cette terre était une grande et vaste saline dont la propriété, royale sous les Francs mérovingiens et carlovingiens fut ducale sous les Normands, et enfin pontificale à partir de 1197, lorsqu'elle eut été cédée à Gautier de Coutances, archevêque de Rouen, par le duc-roi Richard-Cœur-de-Lion. Toutefois, beaucoup d'abbayes partageaient avec le métropolitain de la Normandie la possession des salines de Bouteilles. De ce nombre nous citerons l'Isle-Dieu, Beaubec, Envermeu, Fécamp, le Vallasse et surtout Saint-Wandrille, dont la concession remontait jusqu'au commencement même de la Monarchie.

Les salines de Bouteilles, exploitées jusqu'au xvie siècle, sont devenues une verdoyante prairie depuis que la mer ne pénètre plus dans la vallée.

Mais il nous faut quitter à regret cet intéressant village sur lequel les *Cartulaires,* les *Cueilloirs* et les *Coutumiers* nous ont laissé d'intéressants documents, sans compter ceux que nous fournit le sol Aujourd'hui le but de votre course est ailleurs.

A peine a-t-on laissé ce cimetière abandonné qu'entourent quelques masures chétives, que l'on arrive à une vieille croix de pierre que nous appellerons avec le peuple, la *Croix de la Moinerie.* Nous sommes ici au milieu de notre course entre Dieppe et Arques, et peut-être ce monument chrétien a-t-il remplacé quelque pierre antique, consacrée par la superstition des idolâtres.

Cette croix à présent sur la gauche de la route, était autrefois sur la droite, et perchée sur le crête du rideau qui nous domine. De vieilles cartes géographiques prouvent que cette position était fort ancienne. Lorsqu'en 1841 la voirie départementale opéra le talus qui est en face de nous, on aperçut dans la coupe des terrains une foule de squelettes, dont la croix surmontait la tombe. Quels étaient ces hommes et de quelle époque? Nous ne saurions le dire. La croix en tuf et en pierre meulière est du xiie siècle; il est probable que les sépultures étaient de ce temps. Comme la croix porte le nom de *la Moinerie*, peut-être surmontait-elle la tombe des moines de Beaubec, décédés dans leur prieuré de Bernesault près duquel nous allons passer tout-à-l'heure.

Ajoutons qu'en 1855 nous avons relevé aux frais du département, cette vieille croix depuis long-temps renversée de sa base, et dont les débris jonchaient le chemin comme des pierres de scandale. Ce calvaire pour nous, c'est un souvenir, c'est le seul monument religieux de Bouteilles, c'est aussi l'un des plus vieux témoins du christianisme dans la contrée.

A quelques pas de la croix de pierre, et en face d'une tranchée d'argile où niche une tribu d'hirondelles, vous voyez sur votre droite un pan de mur accroupi qui ressemble à un vieillard courbé sous le poids des années. Cette vieille muraille couverte de lierres séculaires, c'est la *Moinerie*. D'où lui vient ce nom? Le peuple n'en sait rien; mais après avoir consulté comme Assuérus les archives de notre empire, nous croyons pouvoir assurer que ces ruines et ce nom se rattachent à l'ancien prieuré de Bernesault, que possédaient ici les moines de Beaubec.

La terre de Bernesault ou Bernesalt, comme l'appellent les Cartulaires, fut donnée vers 1198 avec son bois et ses marais aux Cisterciens de Beaubec, alors dans toute la ferveur de leur commencement. Ces moines laborieux fondèrent ici une colonie ou prieuré. Ils défrichèrent le bois, plantèrent un vignoble et établirent des salines. A l'aide d'un travail sanctifié par la prière, ils cultivèrent cette terre et firent marcher de front, la culture et l'industrie. Ce sont peut-être les restes de ces défricheurs de nos forêts, que la bêche des voyers retrouvait naguères sous la croix de la *Moinerie*.

Mais nous descendons à Machonville, petit hameau qui s'allonge jusqu'au territoire d'Arques, en nous escortant de ses chaumières alignées sur les deux bords de la route. Ce hameau de Machonville, qui n'est plus que la retraite de quelques jardiniers, cultivateurs ou herbagers, dut être habité dès la plus haute antiquité, car on y retrouve çà et là des débris romains. Son nom aussi figure dans les chartes du xiie et du xiiie siècle, mais il y figure singulièrement; et il faut convenir que depuis 600 ans, il a été singulièrement modifié. Sous saint Louis ou Philippe-Auguste Machonville s'appelait *Emerchonville* et *Hermencherville,* et il possédait alors, (qui le croirait aujourd'hui?) des marais, des salines et un port ou quai pour les bateaux. (*Salina de portu de Hermencheville.*)

Comme nous l'avons déjà dit et comme nous le répéterons encore, la mer autrefois couvrait toute la vallée d'Arques, et les vieux herbagers de Machonville disent encore les *Salés* en parlant de leurs verdoyantes prairies. D'ici vous pouvez les admirer à l'aise ces prés fertiles tout couverts de troupeaux. Ces bœufs, qui parsément cette immense prairie, ne sont pas tous la propriété des riches herbagers de la vallée ; les pauvres ont aussi leur place à l'herbage comme au soleil. Les plus belles prairies de ces vallées ce sont des *Communes* données autrefois par des ducs, des rois ou des pontifes. En en un mot ce sont des legs du moyen-âge et un héritage de la féodalité. Chaque chaumière ici possède sa vache, nourricière des enfants, occupation des vieillards et l'amie de la famille dont elle est souvent toute la fortune. Ainsi donc ces innombrables bœufs que vous voyez réunis par toute la vallée, ce n'est pas seulement la richesse des propriétaires et des fermiers, c'est aussi la providence des pauvres, qui, de cette sorte, ignorent la misère des grandes villes.

Au point où nous sommes, l'aspect du pays est magnifique. Nous avons devant les yeux un vrai panorama : en face de nous c'est le bourg d'Arques, qui se montre avec son clocher élancé et son église aux toîts aigus ; ses maisons, qui semblent se nicher sous le feuillage, sont dominées par la masse ruineuse et ébréchée du vieux château, puis derrière ce bourg historique s'enfonce la vallée de la Varenne, toujours forestière, mais riche de gloire dans le passé, car elle fut le berceau des Warenne, conquérants de l'Angleterre, châtelains de Lewes et de la famille même de Guillaume. Puis entre les *Monts-Raz* et la pointe de la forêt d'Arques, dominée par l'Alihermont, s'ouvre la *Béthune,* l'ancienne *Tale* qui donna son nom au comté de Talou dont Arques fut la capitale. Cette rivière, qui arrose Neufchâtel, a vu s'élever le château de Mesnières et le manoir de Bures. Puis, après avoir été témoin des luttes de Lothaire avec Richard-sans-Peur, elle assista un jour aux noces de ce même Richard avec Gonnor, la fille du forestier d'Équiqueville. Comme on le voit c'était le temps où les rois épousaient des bergères.

Mais voici que nous arrivons dans Arques. Avant de le visiter en détail, il faut que je vous retrace, en quelques mots, l'importance de ce bourg qui se présente à nous si paisible et si champêtre.

Arques est une terre antique. C'est le débris d'une civilisation passée; c'est un tronçon de cette grande féodalité qui couvrit l'Europe au moyen-âge et qui jeta de si profondes racines dans le sol de notre France. Voyez le château qui reste encore : n'est-ce pas la plus haute expression de cette phase de la société qui n'est plus? Ses fondements indestructibles ont pénétré jusqu'aux entrailles de la terre, tandis que ses impérissables donjons défient encore, pour bien des siècles, les outrages des hommes et du temps.

Le sol d'Arques proclame partout une puissance déchue. Sa *chaussée* d'Archelles, ses rues *de Rome, de Lombardie* et *des Bourguignons,* ses médailles romaines et françaises, ces noirs charbons, ces longs pans de murs qui jonchent partout le sol; en un mot, ces débris de toute espèce que l'on rencontre à chaque pas, nous entretiennent perpétuellement de son antique splendeur. De vieilles chapelles, des couvents, des prieurés, des champs de bataille, d'antiques maladeries, des *Bels,* des *cohues,* des prisons, des tribunaux, des bailliages nous disent assez tout ce que fut autrefois cette métropole du comté de Talou, chef-lieu des poids et mesures.

De grands hommes ont foulé cette terre historique. Gosselin le vicomte, fondateur des abbayes de Saint-Amand et de Sainte-Catherine, y transporta le siége de sa puissance; Guillaume-le-Bâtard y étouffa la révolte et raffermit sur sa tête la couronne ducale; Beaudouin de Flandres, Geoffroy Plantagenet, Louis-le-Jeune, Philippe-Auguste, Richard-Cœur-de-Lion combattirent sous ses murs; saint Louis [1], Charles VIII, François Ier,

[1] *Registre des visites pastorales* d'Eude Rigaud.

Louis XIV [1] y firent de pacifiques pélerinages. Mais, de tous ces puissants visiteurs, celui dont le souvenir est resté le plus profondément gravé dans les esprits et dans les cœurs, c'est ce bon et vaillant Henri IV, qui y gagna son royaume. Ici, comme dans beaucoup d'autres lieux de France, c'est encore *le seul roi dont le peuple ait gardé la mémoire.*

En entrant dans ce bourg, qui a abdiqué en faveur de Dieppe, nous rencontrons un pieux monument et un vieux souvenir. Le monument resté debout, c'est un modeste calvaire en bois greffé en 1840 sur un piedestal de grès du xvie siècle. Cette base, qui porte le millésime de 1535, provient de l'ancien cimetière de Bouteilles que nous venons de traverser. Quant au souvenir historique dont nous avons parlé, il se rattache à la chapelle disparue de Sainte-Wilgeforte ou de Saint-Dignefort. Cet humble oratoire, démoli pour toujours en 1850, avait été supprimé et vendu à la Révolution. Quoique transformée en chaumière profane, cette chapelle était encore vénérée par les populations qui saluaient son sanctuaire du xiie siècle, construit en pierre, percé de deux lancettes ogivales et muni d'un vigoureux contrefort. Qui croirait qu'en 1706 les Bollandistes se sont occupés de ce modeste oratoire lorsqu'ils rédigèrent les actes de la sainte

[1] *Hist. du château d'Arques,* par M. Deville.

patronne, fêtée ici le 19 de juillet. Du reste comme la mémoire des saints ne périt pas, vous retrouverez le culte de la vierge mystérieuse dans l'église d'Arques où nous allons entrer.

Mais avant de pénétrer dans l'église accordons un souvenir à deux maisons du bourg : l'une de pierre et du xviie siècle porte cette vieille devise énigmatique et chrétienne tout à la fois :

FOELIX DOMVS VBI
DE MARIA MARTHA
CONQVERITVR
1618.

L'autre, en brique rouge et du xviiie siècle, a vu naître dans son sein, le 12 septembre 1777, le célèbre naturaliste Ducrotay de Blainville, le successeur de Cuvier au Muséum et dans la science. Jusqu'à son dernier moment M. de Blainville a aimé sa chère patrie, et c'était vers elle qu'il dirigeait ses derniers pas quand la mort l'a frappé dans un wagon, le 1er mai 1850.

Mais nous voici devant l'église d'Arques, charmant vaisseau encadré de collines boisées et entouré d'un verdoyant cimetière. Saluez la vieille croix de pierre du xviie siècle, que le temps a mutilée, mais que le vandalisme a posée sur des dalles tumulaires du xvie, arrachées au pavage même de l'église.

Nous ne décrirons pas ici cette délicieuse église, le temps nous manque et la place aussi. Nous renvoyons le lecteur, curieux d'en connaître la description et l'histoire, au livre que nous avons publié, en 1846, sur *les Églises de l'arrondissement de Dieppe*. Toutefois en faveur du lecteur qui ne fait que passer à Arques et qui n'a pas le temps d'ouvrir un volume, nous analyserons seulement la construction et l'ameublement.

Le clocher, que nous trouvons au portail, est une pyramide de pierre bâtie au xviie siècle dans le style ogival. Commencé vers 1605, il fut continué en 1616, 1620 et 1628, et enfin terminé vers 1633, comme l'indiquent les chiffres inscrits sur ses assises. La flèche en hache, indice du temps de Louis XIII, était terminée par une croix de fer accompagnée *d'une fleur de lis en plomb avec un pot et une anse,* symbole du privilége des poids et mesures dont la métropole du Talou était si fière.

Le portail actuel, lourd et mauvais, a été construit vers 1780. Il remplace un joli porche ogival du xvie siècle. La nef, un peu basse et écrasée, doit être l'œuvre de la fin du xvie siècle. Elle remplace le vaisseau qui fut brûlé par Charles-le-Téméraire. La charpente actuelle, ancien ouvrage de bois, remarquable surtout par ses pendentifs, est l'œuvre de Guillaume Boitout, charpentier de Hautot. Elle fut exécutée en 1583. Cette nef est contemporaine de celle de Neuville-le-Pollet, à laquelle elle ressemble complètement.

La plus belle partie de l'église d'Arques, c'est le chœur avec ses chapelles latérales et les transepts. Commencée vers 1515, sur un plan majestueux et splendide, cette portion de l'église s'éleva lentement et ne fut terminée que vers 1574, époque ou Boitout posa la charpente de la *croisée*. Le maçon principal, nous n'oserions dire l'architecte, de ce délicieux sanctuaire, fut Nicolas Bédiou, mort en 1572, dont nous avons fait encastrer la pierre tombale dans les murs du transept.

La merveille de l'église d'Arques, ce que l'on ne retrouve nulle part ailleurs, c'est le jubé de pierre placé entre le chœur et la nef. C'est un chef-d'œuvre de l'art, ainsi que l'escalier qui y conduit. Ce délicieux enfant de la Renaissance dût voir le jour vers 1540. On prétend lire sur ses pierres le nom de Mayenne gravé par la main du chef des Ligueurs.

Nous recommandons encore à l'attention de l'étranger et du voyageur les balustrades du chœur, les rétables de pierre du sanctuaire et des chapelles latérales, ainsi que leurs niches et leurs élégantes piscines. Qu'ils essaient de déchiffrer les restes des vitraux reproduisant *l'Arbre de Jessé, la Naissance de Jésus-Christ* et *la Messe mystérieuse de saint Grégoire,* mais surtout qu'ils s'arrêtent long-temps à contempler les ravissants lambris de chêne sculptés avec tant de grâces et conservant encore les armes et les noms de leurs donateurs. Ce travail du sculpteur Raudin est une petite merveille, et ce qui nous étonne encore plus c'est de lire sur la balustrade le chiffre de 1613. A Arques les arts et les styles ont duré plus long-temps qu'ailleurs.

Avant de sortir de l'église, que nous ne quittons qu'à regret pour visiter le château, vous remarquerez au bas de la chapelle de Saint-Nicolas une niche ou fut autrefois le buste du vainqueur d'Arques, auquel un curé ligueur ne permit pas l'entrée du sanctuaire.

La Révolution a brisée le buste et enlevé l'inscription sur marbre que nous retrouverons sur une maison sise à la montée du château. Nous donnons ici cette naïve légende que vous déchiffrerez aisément :

> Roy de France et de Navarre,
> Henri-le-Grand gaigna la journée
> En ce lieu d'Arques, le 21 septembre 1589.
> Il mourut le 14e jour de mai 1610.
> L'univers cainct son front des lauriers de sa gloire ;
> La France ha ces trophées et Paris ces trésors.
> Arques, Yvri, Coutras ont chacun leur victoire ;
> Les Cieux ayent l'Esprit, Saint-Denis a le corps.
> Louis XIIIe est roy.

Maintenant franchissons le *Bèle,* vieille enceinte murée

et fossoyée où se rendait la justice et où se retirait la population toute entière en cas de guerre, de siége ou d'invasion ennemie. Vous pouvez voir encore à droite et à gauche des pans de murs, des portes ruineuses, des fossés comblés et des terrassements aplatis, tout cela ce sont les restes du Bèle, réfuge fermé qui accompagne plusieurs châteaux du moyen-âge.

Trois portes permettaient de pénétrer dans le château d'Arques. La *porte de Longueville,* ou *de Secours,* qui est sur la plaine, la *porte de Martigny,* pour ceux qui descendaient la vallée de la Varenne, et enfin la *porte du Bèle,* pour nous qui venons de Dieppe et de la mer.

Pendant que nous montons péniblement le sentier qui mène au vieux château, nous vous donnerons un bon conseil. Si vous voulez étudier comme il convient ce curieux débris du passé féodal de la Normandie, vous ferez bien d'acheter, chez le concierge de la forteresse, l'*Histoire du château d'Arques,* par M. Deville. C'est un excellent ouvrage écrit avec une pureté, une clarté, une conscience et une critique qui n'appartiennent qu'à notre savant confrère. Si votre fortune ne vous permet pas ce sacrifice, qui pourtant serait un trésor pour votre bibliothèque, vous ne pourrez vous dispenser d'acheter l'abrégé du même ouvrage, rédigé par l'auteur lui-même qui l'a donné aux pauvres d'Arques. C'est une aumône que vous déposerez, en échange d'un plaisir, entre les mains du portier devenu aussi l'agent du bureau de bienfaisance.

Si j'étais M. Deville, M. de Caumont, M. Vitet ou M. Viollet-Leduc, je vous conduirais savamment au milieu de cette enceinte ruinée, et j'en ressusciterais devant vos yeux toute l'habile stratégie : les tours, les souterrains, les escaliers, les donjons, les portes et les fossés reprendraient leur rôle naturel et primitif et vous vous croiriez un moment revenus au temps de Guillaume-le-Bâtard, de Henri Plantagenet, de Philippe-Auguste, de Jean Talbot, de Charles VII ou du Béarnais. Mais tout ceci est au-dessus de mes forces et le temps me manque pour les recherches nécessaires à ce gigantesque travail de résurrection.

Le château d'Arques remonte-t-il aux Romains ? Le système de son enceinte continue et échelonnée de tours leur appartient : mais la terre nous cache le secret de cette origne antique. Un tiers de sol d'or des Francs est tout ce qui atteste ici leur passage avec le nom d'*Arcas,* écrit dans une charte de Pepin-le-Bref.

Les Normands paraissent les vrais fondateurs de cette forteresse, essentiellement féodale. Assise par Guillaume-le-Bastard, le fils de Richard et l'oncle de Guillaume de Talou, qui souilla ses murs du sang de la rebellion, elle fut consolidée par le Conquérant et agrandie par Henri

Plantagenet. Visitée par Richard-Cœur-de-Lion et Jean-sans-Terre, elle fut conquise par Philippe-Auguste. Reprise par les Anglais du xve siècle, elle devint le trône de Sommerset et le réfuge de Talbot ; mais Charles VII y fit de nouveau flotter le drapeau blanc dont elle resta le plus fier soutien au milieu des luttes du xvie siècle.

La bataille du 21 septembre 1589 qui a éternisé le nom d'Arques et l'a semé par le monde entier, fait encore aujourd'hui le plus bel ornement du château. Retournez-vous et vous verrez sur une arcade en ruine un bas-relief frais et neuf représentant le combat d'Arques et surtout le vainqueur de Mayenne. Ce bas-relief, si bien placé ici, a été inauguré le 21 septembre 1845 par M. J. Reiset, le propriétaire éclairé de ces ruines, vraiment digne de posséder un des plus augustes débris du monde féodal. A cette dédicace toute archéologique assistait l'historien du château que les révolutions ont éloigné de nos contrées et de la science.

Depuis le canon de Henri IV, le château d'Arques a fait silence ! Le temps, plus fort que le fer, a désarmé et terrassé ce géant de pierre, et depuis trois siècles il descend doucement et lentement dans la tombe. Chaque hiver arrachant une de ses pierres, le plonge dans ces fosses profondes qui vont devenir son tombeau.

Avant qu'il ne disparaisse tout-à-fait avec les siècles,

jouissons, nous hommes d'un jour, du magnifique point de vue qui nous est offert.

« Au pied se range le bourg, présentant, à travers des bouquets d'arbres, ses maisons demi-gothiques, demi-modernes; du sein de ce groupe s'élève l'église qui semble protester religieusement contre la destruction qui a frappé tout ce qui l'entoure; plus bas, sont des prairies offrant leurs tapis verdoyans bordés de saules et de peupliers, et que traverse la chaussée d'Archelles qui est comme jalonnée par les toits des maisonnettes qui la bordent; Martin-Église élève au-delà, un peu à gauche, la flèche de son clocher; plus loin, et tout à fait à gauche, les côteaux qui encadrent la vallée laissent une échappée de vue au fond de laquelle on découvre une partie de la ville de Dieppe et de la pleine mer. En face de soi, l'on a la forêt d'Arques, un des restes de ces grandes forêts qui couvraient le Nord de la Gaule et allaient joindre la forêt Hercynienne dont les profondes solitudes inspiraient aux Romains plus de crainte que les tempêtes de l'Océan. A droite on aperçoit les Monts-Ras au pied desquels se rencontrent les vallées de l'Arques et de la Béthune. Sur le sommet de ces monts était jadis une pierre qui séparait les orages, écartant les nuées à droite et à gauche. Cette tradition nous reporte peut-être bien loin; peut-être vient-elle de ces temps couverts d'une grande obscurité où l'homme, enveloppé dans les épaisses ténèbres de l'ignorance, et tremblant comme un être maudit, cherchait une protection jusque dans le culte des pierres [1]. »

Mais hâtons-nous de descendre et de nous diriger vers le *Champ-de-Bataille* que nous apercevons d'ici dans sa nudité et sa solitude actuelles. Ce petit coin de terre qui fit, un jour, tant de bruit dans le monde que l'écho en est parvenu jusqu'à nous et qu'il retentira encore pendant bien des siècles, c'est tout simplement cette pointe de colline que vous voyez toute nue au pied de la verte forêt. Une colonne de granit domine cette lande où languit une pauvre chaumière, dernier vestige de la maladerie de Saint-Étienne, dont la bataille porta long-temps le nom parmi les contemporains.

Pour arriver au champ de bataille il nous faut traverser la vallée et passer par Archelles.

Pour franchir la vallée nous suivons la *rue de Rome*, débris d'une voie romaine, d'une de ces *chaussées Brunehaut,* qui de toutes les parties de la Gaule rayonnèrent pendant plusieurs siècles vers la

« Veuve du peuple-roi, reine du monde encore. »

Nous franchissons sur plusieurs ponts la Varenne et la

[1] P. J. Feret, *Promenades autour de Dieppe,* p. 94.

Béthune, qui tout à l'heure vont réunir leurs ondes afin de recevoir l'Eaulne mérovingienne. Les dernières maisons d'Arques près desquelles nous passons sont l'hôpital et la chapelle de Saint-Julien, devenus des chaumières. Cette petite ville d'Arques était si chrétienne qu'à toutes ses portes elle avait placé des chapelles. Et encore nous n'avons pas parlé de celle de Sainte-Austreberte du château, qui dominait le bourg, ni de l'abbaye des Bernardines, fondée en 1636 par les Guiran de Dampierre, et à présent transformée en un élégant pavillon.

Mais nous arrivons à Archelles. Archelles, c'est le petit Arques, c'est le diminutif et comme le reflet de la grande citadelle ducale, car Archelles aussi possède son château féodal, assis dans un jardin et ombragé d'un bouquet d'arbres. C'est un gracieux manoir du xvie siècle, construit avec de la brique rouge, entremêlée de pierres blanches. Après trois cents ans nous admirons encore l'art infini avec lequel l'architecte a su fondre et marier ses couleurs. C'est que la Renaissance était le temps des grands artistes. Avec quelques teintes seulement on a pu obtenir une marqueterie agréable et variée. Les tourelles pointues, les fossés remplis d'eau, les crêtes découpées à jour, les épis jaillissant du toit, les girouettes blasonnées, devaient donner à ce châtelet un aspect poétique et chevaleresque qui contrastait heureusement avec les tours menaçantes et la masse colossale de son majestueux voisin.

Le manoir d'Archelles avait près de lui son église, son moulin et son hameau. L'église, dédiée à saint Clément, a disparu à la Révolution : il ne reste plus d'elle qu'une pierre tombale réfugiée au château d'Arques. C'est la dalle tumulaire de messire Alexandre de Rassent, seigneur d'Archelles, et l'un des derniers gouverneurs de la grande forteresse royale.

Ce successeur des Mortemer, des Estoutteville, des Talbot, des Bacqueville et des Sommerset est descendu dans la tombe en 1688, juste avec le château d'Arques. Tandis qu'il portait l'épée de capitaine des ville et château d'Arques, le vieux castel tombait déjà en ruine; on avait cessé de l'entretenir et de le réparer. Les pierres commençaient à crouler dans les fossés ; mais on était loin de prévoir la misère et l'abandon dans lequel il est tombé aujourd'hui. Sa masse bosselée de tours s'élevait encore droite et fière sur la vallée qu'elle commandait en reine. Le chapelain célébrait l'office dans la chapelle de Sainte-Austreberte. De vieux archers veillaient encore aux portes et sur les créneaux ; l'aspect des armes, le bruit du tambour, le passage des hommes de guerre, la visite des rois, rappelaient encore de temps en temps les jours de gloire et de combats dont le souvenir n'était pas loin.

Mais à peine le vieux gouverneur eut-il fermé les yeux, à peine eut-il cessé de veiller de son manoir d'Archelles sur ce majestueux débris des guerres féodales, qu'une nuée de loups-cerviers s'abattit sur ce lion devenu vieux. Ce fut à qui aurait la plus belle part de curée. On en prit pour des maisons, pour des chemins, pour des couvents, pour des églises. Les religieuses d'Arques construisirent leur monastère avec les pierres d'appareil, et M. de Clieu éleva, avec les débris, son pavillon de Derchigny (1753-68)[1].

A ce nom de Rassent, à cette église et à ce manoir d'Archelles se rattache l'étonnante histoire d'une guérison miraculeuse qui eut lieu, ici, le 14 juin 1770 sur la personne de Angélique-Marie de Rassent, jeune fille de 25 ans qui porta le nom de *Miraculée* jusqu'à sa mort arrivée le 9 avril 1825. Vous trouverez cette intéressante histoire dans les *Églises de l'arrondissement de Dieppe*, t. II, p. 111-18, et dans la *Galerie dieppoise*, p. 186-91.

Ce hameau d'Archelles, à présent si modeste, fut peut-être l'origine et le berceau de la vieille cité d'Arques. Ce qui est sûr c'est qu'il remonte à l'époque romaine et chaque jour en ramène les preuves au-dessus du sol. Déjà à différentes reprises on y a recueilli des tuiles à rebords, des meules à broyer en poudingue et en lave volcanique, des vases à reliefs, de la poterie samienne,

---

[1] *Hist. du château d'Arques*, par M. Deville, p. 257 à 261.

des statuettes de Vénus et des chandeliers de bronze. Mais c'est en 1853 que la plus belle découverte a été faite. Sous le champ désert où s'est livrée la bataille de 1589, un maçon d'Arques, nommé Turle, a découvert, en plantant des pommiers, une si grande quantité de pierres de taille, que sa petite cour s'est transformée par lui en une vraie carrière. Il en a tiré une assez grande quantité pour bâtir et décorer une petite maison que vous pouvez voir récemment élevée à Archelles. Quelques-unes de ces pierres sont en tuf des vallées, si bien connu des Romains de nos contrées, qu'ils en ont appareillé leurs villas et le théâtre de Lillebonne; mais la majeure partie vient de Saint-Leu et de Vergelé, et elle indique la place d'un bel et somptueux édifice. La plupart, en effet, avaient été taillées et quelques-unes conservaient encore, outre les moulures, des agrafes de fer soudées avec du plomb, reste de leur jonction et de leurs assises.

Le détail le plus intéressant que nous ayons remarqué, ce sont des feuilles d'eau imbriquées, genre de décoration fort commun dans nos contrées au temps de Constantin. Des fragments de sculpture de ce genre ont été vus dans les ruines antiques de Lillebonne, dans les débris romains du Bois-l'Abbé, près Eu, fouillé, en 1820, par M. Estancelin, et dans la villa de Sainte-Marguerite-sur-Saâne, explorée par M. Feret, de 1840 à 1846.

Outre ces débris lapidaires, le sieur Turle a trouvé encore une foule de fragments de tuiles et de poteries et des monnaies de bronze du Haut et du Bas-Empire. M. Jean en avait recueilli un bon nombre en 1853 et en 1854. En 1856, le sieur Turle a mis à découvert une espèce de voie pavée, large de 3 mètres et fortement cailloutée sur une épaisseur de 70 à 80 centimètres.

Quelque opinion que l'on puisse avoir sur ces débris, on ne saurait disconvenir qu'ils indiquent un monument important, appartenant aux temps encore prospères de la domination romaine dans nos contrées. C'est le plus remarquable édifice antique qui ait encore été aperçu dans la vallée de Dieppe. L'histoire d'Arques, si riche au moyen-âge, ne dépassait pas Charlemagne et Pépin. A présent elle étend ses origines jusqu'à l'époque romaine, et Archelles en devient la base.

Mais hâtons-nous de gagner le *Champ-de-Bataille*. C'est cette pointe de coteau nue et dépouillée qui sépare la vallée de la Béthune de la vallée de l'Eaulne. La forêt d'Arques avec ses hêtres élevés et touffus couronne ce tombeau de l'humanité. C'est ici, par un jour de brouillard, que marchant l'une contre l'autre, se heurtèrent deux armées, celle de la royauté et celle de la ligue. Le panache blanc de Henri IV s'y croisa un moment avec l'épée de Mayenne. Ce dernier céda le champ de bataille et le premier se retira à Dieppe, où il fut un instant assiégé.

A présent nous chercherions en vain le moindre terrassement qui nous parle de ce triste et glorieux fait d'armes. Le sol n'en dirait mot [1] sans la haute colonne de pierre chargée de rappeler aux siècles à venir le 21 septembre 1589. Cet obélisque fut inauguré ici en 1829 par la duchesse de Berry, l'hôte des Dieppois qui ne l'ont point oubliée. Sur un marbre du socle on avait placé l'inscription suivante qu'une main inconnue détruisit en 1830 :

Bataille d'Arques,
21 septembre
1589.
Érigée par souscription
ouverte
le 6 septembre 1827,
sur
le champ de bataille
d'Arques,
en présence
de S. A. R. Madame
Duchesse de Berry
et de S. A. R.
Mademoiselle.

[1] On montre pourtant au-dessus de la ferme une grande fosse où l'on prétend que Henri IV se fit apporter à déjeûner le matin de la bataille. Il y fit appeler, d'après Sully, tous ceux de qualité, les fit asseoir en rond, et l'on déjeûna de bon cœur.

On regrette qu'une inscription aussi innocente et commémorative d'un grand fait historique n'ait pas été rétablie. Nous faisons des vœux pour sa prochaine restitution par les amis de nos grands souvenirs. On devrait y inscrire sur les côtés, autour du grand nom de Henri IV, les noms du duc d'Angoulême, de Biron, de Mongommery, de Châtillon, de Caumont-la-Force, et de tous les héros de cette journée. Quant à ceux qui voudront connaître les détails du combat d'Arques, nous les renvoyons à l'excellente *Histoire du Château d'Arques,* de notre ami M. Deville.

Cette bataille fut long-temps connue chez les contemporains et les chroniqueurs sous le nom de *Saint-Étienne* ou de la *Maladerie,* et cela à cause de la maladerie de Saint-Étienne autour de laquelle elle fut livrée. De cette léproserie, fondée au xiie siècle, il ne reste plus que la chaumière que vous voyez. Ce vieil hôpital, supprimé au xvie siècle, fut donné plus tard à l'hôpital et aux Jésuites de Dieppe. Après la suppression de la compagnie, il devint le titre d'un prieuré que la Révolution de 89 anéantit avec tant d'autres.

Avant de quitter le *Champ-de-Bataille* pour gagner Martin-Église, le camp des Ligueurs, nous vous engageons à jouir de l'admirable point de vue qui vous est offert. C'est une variante de la belle perspective du château; mais le simple changement d'une colline à l'autre a donné au paysage une physionomie nouvelle. Nous regrettons de n'avoir pas le temps de dérouler sous vos yeux l'histoire de ce pays dont l'aspect est véritablement enchanteur. L'an prochain nous serons sans doute plus heureux.

Hâtons-nous de gagner la charmante vallée de l'Eaulne si fraîche à sa source et à son embouchure, si rude durant son cours. Ce modeste ruisseau, naguère presque inconnu dans le monde, nous a révélé sur ses bords tous les secrets ensevelis de la période mérovingienne. Depuis le château de Mortemer jusqu'à celui d'Arques, cette rivière ne coule qu'à travers des champs de repos dont les morts sont armés jusques aux dents. Nous la traversons ici sur de vieux ponts bâtis par les chanoines de Rouen, et dont le péage leur appartenait encore avant la chûte du monde féodal.

Cette terre de Martin-Église, dont le nom est tout mérovingien, fut donnée au chapitre de Notre-Dame de Rouen par l'archevêque Riculfe, en 875. A partir de ce moment jusqu'en 1789, les chanoines possédèrent la terre, l'église, le moulin, la dîme, le patronage, la justice et la seigneurie. De tout ceci il ne reste que l'église, monument bien modeste où vous trouverez quelques traces du xiie siècle et quelques lambeaux du xvie. Autour de cet oratoire des Francs on trouve des vases, des colliers et des armes du temps de Charlemagne. Mais le plus beau titre de l'église à l'attention des étrangers, c'est la pierre tombale de Regnault Orel, en son vivant *curé de Limmes* [1] et *doien d'Envermeu,* décédé en 1466. Cette dalle, remarquable par ses sculptures et sa belle conservation, a beaucoup exercé la sagacité des archéologues du xviiie et du xixe siècle. Voyageur, qui que vous soyez qui visitez Martin-Église, ne manquez pas de saluer dans son modeste presbytère M. l'abbé Malais, le spirituel et savant curé de cette paroisse forestière : vous ne regretterez point votre démarche.

De Martin-Église un chemin ouvert et vraiment enchanteur nous conduit à Étran, hameau verdoyant qui s'allonge sur la voie comme pour nous accompagner. A Étran il ne reste guères qu'une métairie et quelques chaumières. La vieille église romane, abandonnée à la Révolution, a été démolie en 1830. Étran, dont l'origine remonte probablement à la civilisation romaine, avait jadis des salines exploitées par les moines de Longueville jusqu'au xvie siècle. La mer, nous l'avons dit souvent, remplissait autrefois toute cette vallée et elle formait ces ports d'Arques, d'Archelles, de Bouteilles,

---

[1] *Limmes* ici est pour Bracquemont.

de Machonville et d'Étran dont parlent toutes les chartes du Moyen-Age.

Au sortir d'Étran, Dieppe nous apparaît dans tout son développement et déjà nous touchons à son territoire. Pour vous ramener en ville deux chemins se présentent à nous. Le premier, planté d'arbres dans toute son étendue, cotoie une eau dormante que l'on nomme le Canal-Bourbon. C'est le point de départ d'un canal qui se dirigeant de Dieppe jusqu'à l'Oise, devait relier Dieppe avec Paris. Les chemins de fer ont fait abandonner pour toujours ce projet qui fut pendant un demi-siècle tout l'espoir de la ville. M. Lemoyne consacra à cette idée toute son existence. A présent le canal n'est plus que l'embarcadère des petits bateaux qui conduisent à Arques par la rivière.

La seconde voie, que nous suivrons de préférence, cotoie la retenue, lac vaseux qui pour être utile n'offre rien de bien intéressant; mais en compensation elle vous fera voir les cavées de Bonne-Nouvelle toute remplies d'antiquités romaines. C'est ici le berceau du Dieppe gallo-romain, et à ce titre il mérite l'attention du voyageur savant et curieux. Pendant vos jours de loisir, nous vous engageons à venir examiner les grandes tranchées formées par les éboulements des terrains supérieurs, vous y reconnaîtrez des tufs, des moëllons, des urnes, des tuiles à rebords, des poteries et des monnaies antiques. Vous y reconnaîtrez surtout des masses d'huîtres, de moules et de patelles, restes de pêcheries primitives. Ce quartier est toute une mine archéologique, et jamais nous n'y avons conduit un antiquaire sans qu'il en soit revenu plus heureux et plus instruit.

Ces tertres et ces jardins, tout semés de débris antiques, étaient devenus au Moyen-Age le siége de deux établissements religieux. L'un était une chapelle de saint Aubinet ou de Bonne-Nouvelle, à présent démolie jusqu'à la racine. L'autre un hospice de lépreux, connu sous le nom d'*hôpital de la cité de Jérusalem*. Ce nom pompeux lui vint de ce qu'il relevait de l'ordre des chevaliers de Saint-Jean-de-Jérusalem, qui y avaient construit une tour circulaire. A présent tour et chapelle, lépreux et chevaliers sont passés, et dans la mémoire des hommes il ne reste que des noms que l'on ne comprend plus.

Nous eussions désiré continuer ces promenades aux environs et même dans l'arrondissement de Dieppe, mais le temps nous a manqué cette année et nous nous voyons forcé de renvoyer la réalisation de notre projet à l'année prochaine, époque où l'on fera certainement encore une nouvelle édition de ce livre.

Dans cette quatrième édition nous donnerons :

1° Une promenade à la *Cité de Limes* ou *Camp de César* ; là nous montrerons la haute antiquité de cette gigantesque enceinte, nous dirons les fouilles qui y ont été faites et les découvertes qu'elles y ont amenées, nous n'oublierons pas de citer les traditions qui se rattachent à ce monument *gallo-belge* et ce qu'en ont dit les géographes et les historiens. Chemin faisant, nous parlerons de la bastille du Pollet, du vallon de Puits, des villas romaines de la plaine de Graincourt, de Grèges et de Bracquemont ;

2° Une promenade à Envermeu, à la forêt d'Arques et à Saint-Nicolas-d'Alihermont. A Envermeu, nous rencontrerons un des plus riches cimetières mérovingiens de France, les restes du prieuré de Saint-Laurent et une intéressante église du xvie siècle. A Saint-Nicolas-d'Alihermont, nous montrerons la place du manoir des archevêques de Rouen construit au xiiie siècle, et nous raconterons l'origine et les progrès de l'horlogerie sur cette terre industrielle ;

3° Enfin nous terminerons par une excursion à Eu et au Tréport, voyage dont ne peuvent se dispenser tous ceux qui ne séjourneraient à Dieppe même que quelques jours.

LES BAINS

Le Bazar, la Plage, la Promenade, le Théâtre, les Paquebots, les Courses.

E voyageur, arrivé à Dieppe, se demandera tout d'abord s'il est venu avec l'intention d'y séjourner, quelle série de distractions il y pourra rencontrer.

Ces distractions sont aussi nombreuses que le comporte la situation de la ville.

Il y a trente ans à peine, Dieppe était réduit aux chétives ressources de son commerce de pêche ; la saison thermale n'amenait sur son rivage que quelques malades, visiteurs tristes et mélancoliques, qui venaient demander à l'énergie salutaire de ses eaux le rétablissement d'une santé languissante. Une mauvaise cabane assise sur la grève, espèce de hangar remisant une demi-douzaine de baignoires, c'était là tout l'établissement des Bains. On trouvait difficilement à se loger quand on ne se résignait pas à partager les auberges des commis-voyageurs ; du reste point de communications faciles ; de loin en loin un paquebot à voile débarquait sur notre rivage une famille d'insulaires.

Aujourd'hui, de toutes les villes de bains, Dieppe est la plus suivie, la mieux fréquentée ; on y vient chercher la santé et la distraction ; c'est le rendez-vous du monde élégant ; *la fashion* en fait tous les étés son quartier-général. Dieppe est devenu une ville de luxe, un lieu de plaisirs ; les équipages se croisent dans les rues ; aux environs vous ne rencontrez que des brillantes cavalcades ; partout vous n'entendez parler que de bals, de concerts, de spectacles, de parties qui s'organisent. Voilà ce que Dieppe doit à son établissement thermal !

Le même établissement ne réunit pas les bains chauds et les bains à la lame. Dans une des ailes de l'Hôtel des bains chauds sont installées des baignoires. Les bains y sont administrés sous toutes les formes. L'autre aile a été construite pour une salle de bals et de concerts. Cette salle a entendu applaudir Mme Damoreau, Ponchard, Artot, Kalkbrenner, Roger, Batta, Vieuxtemps, Sivori, etc., et sert de refuge, le soir, quand la fraîcheur de la mer fait abandonner le rivage.

Pour arriver aux bains froids, passons sous cette voûte au fond de la place à droite, nous voici au milieu d'un joli bazar où se vendent les objets de première nécessité pour les étrangers. Examinons ces magasins, nous en avons le temps, la mer n'est pas encore favorable et nous ne devons pas nous mettre à l'eau avant que le signal ne se déploie en haut du mât dressé devant nous.

Maintenant voici les Bains, véritable palais de l'Océan dont la forme ne ressemble à rien de connu, mais dont l'architecture nouvelle, comme le besoin qu'elle représente, n'est pas une des moins heureuses créations de notre époque. Après avoir félicité ici l'architecte de son œuvre et la municipalité de sa féconde et laborieuse initiative, nous renvoyons le lecteur, pour la description de l'édifice, au récit des fêtes d'inauguration que nous donnons plus loin.

Du côté de la mer s'étend une terrasse; des escaliers conduisent les baigneurs au bord de l'eau; là, sont rangées des tentes de coutil servant de cabinets de toilette; la gauche appartient aux femmes, la droite aux hommes. Des guides-baigneurs accompagnent dans l'eau les moins expérimentés et donnent des leçons de natation aux plus courageux. Ce sont de braves gens qui seront enchantés de vous voir courir quelque danger pour avoir le plaisir de vous sauver ; tous ont fait leurs preuves ; leur veste est chargée de médailles, récompenses honorables de leur courage et de leur dévoûment ; mais la saison des bains ne leur fournit guère l'occasion de les exercer ; les précautions qui entourent les baigneurs n'ont jamais laissé aucun accident à déplorer. C'est dans l'hiver, quand la tempête est déchaînée sur nos côtes, que leur intrépidité trouve trop souvent, hélas ! à se signaler.

Si vous voulez ne pas quitter le jardin des bains froids et avoir constamment sous les yeux la vue de la mer, un élégant restaurant se trouve dans l'enceinte de l'établissement, et il vous sera loisible d'y prendre vos repas.

Il est un endroit de la ville que les étrangers affectionnent particulièrement, c'est cet immense tapis de verdure placé entre la ville et la mer qu'on appelle *la Plage*. Cette promenade offre cet avantage, qu'on y respire un air pur et sain. Les émanations marines qui enveloppent les promeneurs y constituent un tonique excellent pour la santé.

Cette partie de la ville a été l'objet d'une amélioration importante. Le soir, elle est brillamment éclairée par le gaz, ce qui permet de la parcourir sans être exposé aux inconvénients de l'obscurité.

La ville, en créant un steeple-chase annuel, a consulté le goût dominant de l'époque. Elle a substitué aux courses ordinaires des courses plus accidentées et plus dramatiques. Elles ont lieu dans un terrain merveilleusement disposé à une petite distance de la ville, dans une prairie bordée de coteaux frais et verdoyants.

Cette année et les années suivantes, nous l'espérons bien, notre ville et les étrangers jouiront d'un spectacle que la mer seule peut offrir dans des proportions vraiment intéressantes. Nous voulons parler de *Régates* ou joutes nautiques qui auront lieu en rade de Dieppe, et qui fourniront un tournoi maritime dans lequel seront admis les nacelles et les canotiers de tous les pays.

De magnifiques hôtels auxquels les propriétaires ont fait subir une toilette nouvelle sont ouverts aux baigneurs. On y trouve, à des prix accessibles, toutes les commodités de la vie élégante. Les restaurants peuvent rivaliser, par leur bonne tenue, avec les plus renommés.

Le théâtre est desservi par une excellente troupe qui joue, pendant toute l'année, le vaudeville, la comédie et le drame. Le directeur recrute pour la saison d'été des artistes déjà engagés dans des villes importantes et à qui leurs loisirs permettent de contracter des engagements. Par son traité avec la ville, le directeur est tenu de faire venir périodiquement des artistes parisiens, ce qui rend la saison théâtrale aussi intéressante que variée.

Ajoutons que des frais considérables ont été faits à la salle de spectacle, et qu'elle est aujourd'hui tout-à-fait digne de son élégante clientèle.

Les dames seront tentées de visiter l'établissement de Mme Fleury, vénérable religieuse de la maison de la Providence de Rouen, qui dirige une école d'orphelines. Là se fabriquent des dentelles selon les procédés qui ont fait jadis la réputation du point de Dieppe. Les dames, en visitant cette maison, auront un double profit : elles pourront tout à la fois acquérir à bon marché d'élégantes dentelles et faire une bonne œuvre. Nous n'avons pas besoin d'exciter davantage leur bienveillante charité.

Tous les jours, un joli bateau à vapeur quitte le port de Dieppe pour Newhaven, et réciproquement. Plusieurs seront tentés de faire une excursion en Angleterre. En cinq heures vous touchez la côte anglaise, en six heures vous êtes à Londres.

En somme, le voyageur qui donnera aux bains de Dieppe la préférence sur les établissements rivaux, y trouvera ce qu'il ne rencontrera nulle part, nous en avons la certitude : modicité dans les dépenses de la vie, distractions peu coûteuses, tout contribuera à rendre agréable le séjour de la ville.

Au surplus, sa réputation est faite, et l'affluence toujours plus considérable des étrangers qui la visitent chaque année est une preuve qu'elle a sa place en première ligne parmi les villes qui possèdent un établissement thermal.

BAINS DE DIEPPE.

Fêtes d'inauguration du nouvel Établissement des Bains.

Il y avait long-temps que Dieppe n'avait vu de fêtes aussi brillantes et aussi splendides que celles qui ont eu lieu pour l'inauguration de notre nouvel établissement de Bains. Tous ceux qui ont pu y assister, étrangers et habitants de la ville, sont unanimes pour reconnaître qu'elles ont été magnifiques, et que leur organisation fait le plus grand honneur au bon goût et à l'intelligence de nos administrateurs, qui ont déployé dans cette circonstance le zèle le plus admirable.

L'inauguration a été grandiose et digne du monument qui en faisait l'objet, digne de nos hôtes parisiens et des illustres écrivains conviés à cette solennité.

Aussi, tous se sont-ils retirés remplis des impressions les plus favorables envers une ville qui sait faire si grandement les choses, et envers les hommes éclairés qui la dirigent et qui marchent si résolument dans la voie du progrès.

Les représentants de la presse française et anglaise surtout, ravis de la gracieuse et cordiale hospitalité qui leur a été offerte, ont conçu les sentiments de la plus réelle sympathie pour Dieppe, et la plupart ont rendu compte de nos fêtes avec le plus grand développement et dans les termes les plus élogieux.

Nous regrettons que l'exiguité de notre format ne nous permette pas de reproduire tout ce que nous avons lu, à ce sujet, de flatteur pour notre établissement et pour notre ville.

Pour donner une idée de notre nouvel et grandiose établissement thermal, nous nous contenterons de citer quelques extraits d'un article dû à la plume de M. Thaurin, rédacteur du *Journal de Rouen* :

« La ville de Dieppe possède un nouvel attrait pour les étrangers, depuis que l'on a remplacé les anciennes constructions des bains par un vaste établissement orné avec beaucoup de goût, et qui ne laisse rien à désirer pour le confortable.

« Dès les derniers temps de l'existence des anciennes constructions, la vaste portion de terrain qui les entourait avait été plantée, on le sait, de délicieux bosquets dont les massifs, dessinés en figures géométriques, étaient contournés par les belles allées réservées à la promenade des visiteurs. Ces allées étaient éclairées pendant la nuit, comme elles le sont encore actuellement, par de nombreux candélabres. En élevant le beau et vaste bâtiment des bains, la ville de Dieppe a voulu augmenter encore le charme de cette plage verdoyante, et elle n'a pas reculé devant de grands et intelligents sacrifices, qui lui seront certainement très-profitables.

» Quant à l'immense bâtiment des bains construit sur la plage, parallèlement à la mer, le fer en a fourni presque exclusivement la matière. La charpente seule, faite entièrement de ce métal, a coûté plus de 150,000 fr. L'édifice se compose de deux grandes galeries latérales reliées, au centre, par une rotonde monumentale dont le dôme est élevé à la hauteur de plus de 20 mètres. Deux autres pavillons, à dômes cintrés, flanquent les extrémités extérieures des deux galeries. La décoration extérieure de cette construction est assez belle, mais peut-être un peu simple; elle consiste principalement en des pièces de fonte découpées à jour, qui suivent les arcs de chacun des dômes des pavillons et de la grande rotonde. Les sommités de ces dômes sont elles-mêmes surmontées d'ornements métalliques d'un assez bel effet. On sait que l'espèce de constructions qui nous occupe se distingue des bâtisses ordinaires par le grand nombre d'ouvertures vitrées dont sont percées leurs quatre faces. Des colonnes et des colonnettes plus ou moins sveltes, et d'ordres différents, flanquent aussi les diverses entrées de la construction, à laquelle elles achèvent de donner un aspect monumental fort satisfaisant.

» Nous dirons toutefois qu'on ne saurait se faire la moindre idée de la richesse et de la magnificence réelle des bains de Dieppe, lorsqu'on les voit à l'extérieur seulement; il faut pénétrer dans les diverses parties de ce nouveau palais de cristal, pour apprécier et pour comprendre le mérite des choses charmantes qui y ont été accumulées, afin de flatter la vue et de charmer l'esprit.

» Nous citerons d'abord le grand pavillon des fêtes, situé au centre de la construction. Cette magnifique rotonde octogone, qui représente, ainsi que nous l'avons dit, une élévation d'au moins 20 mètres, a été décorée intérieurement avec un luxe féerique. Les peintures de la voûte ont toutes été exécutées, tant par M. Cambon, peintre de l'Opéra, que sous la direction de cet artiste habile. Ces peintures consistent principalement en quatre grands médaillons formant toute une épopée à la gloire de Vénus, qu'on y voit représentée sortant des ondes de la mer, puis fêtée et accueillie par les nymphes et par les tritons; plus loin, l'aimable déité est mollement bercée par de non moins agréables zéphyrs, qui semblent prendre plaisir à la caresser de leurs délicates ailes ; puis, dans un médaillon voisin, Flore et ses génies sont occupés à tresser des guirlandes et des couronnes aux couleurs vives et chatoyantes, tandis que quelques-uns d'entre eux s'efforcent d'en parer, en lutinant, la séduisante fille de l'Océan.

» Le dernier médaillon nous montre enfin le triomphe et la puissance de la mère des Amours. A ses pieds sont humblement déposés les attributs de la nature animée, qui viennent proclamer l'empire de la séduisante déesse, qu'escorte la cohorte rose et enjouée de ses charmants sujets.

» Dans ces quatre médaillons, les tons sont chauds, les nuances vives sans être choquantes ; les ciels sont vaporeux et transparents ; les eaux limpides, argentées et mobiles, semblent répandre une fraîcheur réelle dans les sites enchantés où elles passent. On ne saurait voir, dans le même genre de peinture, des figures dessinées avec plus de moelleux et de grâce artistique que n'en ont celles qui composent les délicieux groupes des tableaux dont nous parlons.

» Dans quatre autres médaillons de la même rotonde, les artistes ont peint avec non moins de talent de remarquables groupes de poissons et de plantes marines, attributs de la localité. Des groupes de la même espèce remplissent le champ de huit autres médaillons, qui sont peints par couples sur chacune des quatre grandes voussures de la coupole. Tous les médaillons dont nous avons parlé se détachent sur un élégant réseau aux mailles peintes en saillie, avec de vives et fraîches couleurs quelquefois rehaussées d'or. Sur les quatre petites voussures, accessoires des premières, le joli rets se termine par de fort beaux mascarons grisaille, de style Louis XIII.

» Pour terminer ce qui se rapporte à la peinture décorative, nous ajouterons que les stores de l'établissement sont tous à fond blanc et entourés d'une guirlande de goëmond artistement peinte. Tout, dans la belle rotonde des bains de Dieppe, respire l'art et la richesse; cette construction, vouée aux plaisirs, semble, en effet, capable de les procurer aussi complets que possible à la société élégante qui ne manque pas d'y affluer.

» Les deux grands salons latéraux du rez-de-chaussée, qui viennent aboutir au pavillon des fêtes, sont aussi fort coquettement décorés et meublés ; l'étendue totale de ces salons étant de 120 mètres de longueur sur 7 mètres 50 centimètres de large, on peut facilement se faire une idée de la quantité de visiteurs qui pourront s'y trouver réunis en certains jours de fête, et de l'aspect féerique de ces vastes galeries brillamment éclairées, et remplies d'une foule représentant une notable partie de la société européenne.

» Toutes les variétés de plaisirs et de récréations se trouvent rassemblées dans cet immense établissement ; un pavillon est exclusivement affecté aux jeux de l'enfance et de l'adolescence, au nombre desquels on doit citer la toupie hollandaise, les billards anglais, etc. Un autre pavillon renferme les tables destinées à des jeux moins bruyants : les cartes, les dames, les échecs, etc. Puis les grands billards ont aussi leur joli salon spécial. Au milieu même de tous ces jeux, on trouve une terrasse aérienne, dallée en asphalte et destinée à la promenade diurne ou nocturne, et de dessus laquelle on peut contempler d'un coup-d'œil la double immensité de la mer et des cieux. Avons-nous besoin d'ajouter que la plage de Dieppe est l'une des plus belles de l'Europe, et que l'on trouverait difficilement une terrasse du bord de l'eau aussi riante et aussi commode que l'est celle du nouvel établissement?

» Les constructeurs ont disposé les pavillons des anciennes constructions pour y établir un restaurant tout voisin des bains. Nous ferons remarquer que ces pavillons ont été transportés dans leur entier à la place qu'ils occupent, au moyen de plans inclinés sur lesquels avaient été établis de petits chemins de fer. »

Grâce à l'activité qui a été déployée, toutes les dispositions ont été entièrement accomplies pour la grande fête d'inauguration, dont la municipalité de Dieppe a fait une véritable solennité.

Sans doute quelques améliorations de détail, que l'expérience pourra rendre nécessaires, se révéleront peu à peu, mais l'administration, qui a déjà fait des sacrifices si considérables et si hardis, ne laissera pas son œuvre incomplète. La ville de Dieppe sera amplement récompensée de l'énergique résolution qu'elle a prise de faire elle-même ses affaires, et elle récoltera largement ce qu'elle a largement semé. Avec ses propres ressources, elle vient de créer le plus grand et le plus riche établissement de ce genre qu'il y ait en France ; et si son exemple est suivi, elle gardera toujours le mérite de l'avoir donné.

CRÉATION

D'UN

ÉTABLISSEMENT HYDROTHÉRAPIQUE A DIEPPE.

L'hydrothérapie, comme on le sait, est une méthode de traitement qui consiste à combattre exclusivement ou principalement les maladies par l'usage de l'eau froide administrée par affusion, autrement dit sous forme de douches. L'affusion est générale, partielle ou locale. Ce moyen thérapeutique a pour but de provoquer une prompte et vive réaction chez les malades soumis à ce mode de traitement.

Il y a des douches d'eau froide, d'eau chaude, d'eau minérale. La douche est descendante, lorsque la colonne d'eau tombe verticalement; la douche est latérale lorsqu'elle est dirigée horizontalement; elle est ascendante, lorsqu'elle arrive de bas en haut.

Un établissement hydrothérapique, on le voit, est le corollaire obligé, le complément nécessaire d'un établissement de bains de mer.

Il ne faut donc pas s'étonner que la ville de Dieppe ait songé à couronner son magnifique établissement de bains, par un établissement hydrothérapique ; ce qui doit surprendre c'est que cet établissement n'ait pas été créé depuis longues années, que ce mode de traitement est en possession de la faveur publique, en France et surtout en Allemagne.

Cet établissement sera annexé aux bains à la lame, et édifié derrière le restaurant; il sera placé sous l'habile direction de M. le docteur Bottentuit, qui a fondé, à Rouen, un établissement de ce genre, qui donne les plus magnifiques résultats, comme cures médicales et produits.

Il existe à Paris et dans plusieurs grandes villes des établissements hydrothérapiques à l'eau douce ; mais ce qui doit assurer à celui de Dieppe une immense clientèle, c'est la rareté des établissements hydrothérapiques *à l'eau de mer,* considérée, avec raison, par la science comme produisant des effets infiniment plus salutaires que l'eau douce pour le genre de traitement dont il est question.

Il va sans dire que l'eau douce sera, cependant, administrée à Dieppe aux malades auxquels l'usage en serait ordonné.

Cette nouvelle création, en assurant à la ville de Dieppe une nouvelle clientèle de baigneurs, lui permettra d'ouvrir sa saison plus tôt et de la terminer plus tard.

PETIT ANNUAIRE DIEPPOIS

OU

NOTES SUR QUELQUES FAITS

Accomplis depuis trois ans à Dieppe et aux environs.

La Porte d'Etoutteville.

Au mois de janvier 1855, on a démoli la *porte d'Etoutteville*, que nous pourrions appeler la dernière de nos portes publiques, celle du Port-d'Ouest étant depuis 1850 propriété particulière. Encore un témoin du vieux temps qui vient de disparaître! Dans quelques années, il ne restera plus trace du passé de Dieppe. Voyez plutôt : depuis long-temps déjà, la porte du Pont et celle de la Barre ont disparu avec leurs tours; en 1841, on a démoli la *Tour aux Crâbes* qui donnait de la physionomie au quai à présent nivelé, uni et monotone. En 1843 ou 1845, c'était le tour de la *porte Sailly* qui fermait gracieusement la ville vers la mer. En 1848 on a fait disparaître jusqu'aux racines la *butte du Moulin-à-Vent* et les restes de la lanterne de pierre du *hâble* primitif. 1853 a vu raser jusqu'au sol les trois tours rondes qui peuplaient la plage, lui donnaient du caractère et nous entretenaient de la guerre de Sept-Ans. Comme on voit, on remplirait un calendrier avec nos destructions et l'on en ferait un nécrologe.

Toutefois la *porte d'Etoutteville*, qui avait aussi son cachet, était la moins ancienne de toutes ; mais son cintre inoffensif avait à coup sûr plus de grâce que le vide actuel, sa physionomie semi-militaire s'harmonisait très-bien avec la masse du château qui le domine, il escortait les derniers pans de murs de nos vieux remparts, et puis son nom tout seul gardait un souvenir. Après tout, le besoin de sa disparition ne se faisait pas généralement sentir.

Les plans de Dieppe antérieurs à 1760 et les chroniqueurs qui ont précédé cette époque, ne disent pas un mot de la *porte d'Etoutteville*. Le prêtre Guibert, dont les *Mémoires* s'arrêtent à 1762, n'en fait pas mention. Mais voici une note extraite du manuscrit de Lazare Bichot, le seul qui en ait traité à notre connaissance ; nous la devons à l'obligeance de M. Feret :

« En cette même année (1783), l'ancienne *porte d'Estoutteville* de la rue des Petits-Puits (aujourd'hui la rue de Sigogne), qui était bouchée, fut ouverte et rebâtie à neuf par délibération du sieur Louis Niel, maire et échevin ; le sieur Jean-Joseph Boullenc-Monval, mareschal des logis du Roy y ayant coopéré et baty une jolie maison proche la ditte porte, ayant acheté pour cet effet plusieurs places et vieilles maisons et fit faire un reposoir contre la ditte porte le jour du St Sacrement 1784.

» Les Mrs de Ville firent bâtir à droite de la porte un joli corps de garde. »

« Ce corps de garde, ajoute M. Feret, construit en brique blanche a été vendu et démoli en 1854. Il était dans le genre de la maison que l'on voit encore à droite, en sortant de l'ancienne porte de la Barre, lequel n'avait toutefois qu'un rez-de-chaussée. Le voisinage de la maison de M. Boullenc fut cause sans doute que vulgairement la *porte d'Etoutteville* fut appelée la *porte Boullenc*, comme je l'ai entendu appeler dans mon enfance. »

Le cintre, que nous avons tous vu et qui vient de tomber, avait parfaitement le caractère de l'architecture du temps de Louis XVI. Toutefois il est évident par le texte même de Bichot qu'une ouverture avait été autrefois pratiquée à la même place; mais il est probable que cette porte, étroite comme celle du paradis, ne s'ouvrait que pour un service militaire, féodal ou privilégié. Le nom d'Etoutteville, qu'elle a conservé jusqu'à nous, me semble indiquer au moins le xvie siècle comme origine ;

car c'est à cette époque que la célèbre famille des Estoutteville alla s'éteindre dans la maison de Bourbon.

Les sires d'Estoutteville, châtelains de Valmont, possédaient un fief dans les murs de Dieppe, à titre de seigneurs de Hautot dont le vieux château fut un des plus puissants suzerains de la cité naissante. C'est ainsi que ce nom rappelait chez nous un souvenir historique, dont le dernier vestige monumental disparaît pour toujours. Quand les pierres parlent, tout le monde les écoute et cherche à les comprendre : c'est, en effet, le langage primitif ; mais lorsque du passé il ne reste plus que des feuilles écrites, combien de gens sont exposés à ne jamais connaître l'histoire de leur patrie !

L'Église Saint-Jacques de Dieppe.
SA DÉCORATION ET SES VERRIÈRES.

Il est certes, en Normandie, peu d'églises comme Saint-Jacques de Dieppe, où l'on travaille autant à réparer les ruines faites par le temps et les révolutions. Ici, c'est une véritable émulation entre le gouvernement, la ville, le département, la fabrique et les confréries. Déjà, à plusieurs reprises, nous avons eu lieu de féliciter de ce zèle persévérant, pour l'ornement de la maison de

Dieu, les sociétés de *Bon-Secours*, du *Rosaire*, des *Noyés* et de la *Bonne-Mort*, qui, non contentes de renouveler la face de leurs chapelles, les ont encore décorées de statues, de dorures et de vitraux coloriés [1].

La fabrique, de son côté, n'est point restée en arrière dans cette croisade monumentale. Depuis quelques années elle a fait paver à neuf le chœur qui a reçu quarante stalles de chêne sculptées, lesquelles, dans notre diocèse, n'ont de rivales et de maîtresses que les antiques chaires de la métropole. Elle a fait clore avec une porte en bois sculpté l'ancien porche des Sybilles, destiné à devenir une chapelle baptismale. Enfin, la fabrique a fait placer au chevet du chœur trois belles verrières qui produisent le plus heureux effet, changent la physionomie de l'église et lui don-

---

[1] Nous saisissons cette occasion pour rendre un hommage justement mérité à la mémoire du respectable M. Séron, décédé en 1855, dans le plein exercice de la maîtrise de presque toutes les confréries de Saint-Jacques. Ce digne chrétien, pieux comme au temps de saint Louis, était véritablement dévoré du zèle de la maison de Dieu, et l'on peut dire qu'il a beaucoup contribué à la décoration de ce temple où il passait dans la prière la plus grande partie de ses jours. Il est mort comme un saint, après avoir vécu comme un juste : aussi sa mémoire est-elle restée en bénédiction auprès de ceux qui l'ont connu, et son exemple, nous l'espérons du moins, trouvera des imitateurs.

nent, au moins du portail de l'ouest, l'aspect d'une cathédrale.

C'est de ces vitraux que nous voulons traiter aujourd'hui.

Ils sont au nombre de trois et résument à eux seuls la vie du Sauveur du monde. Ils reproduisent, en effet, les trois points culminants du passage de l'Homme-Dieu sur la terre : sa naissance, sa mort et sa résurrection.

Le vitrail du fond, celui qui apparaît le premier et qui couronne l'église, c'est le *Crucifiement* ou le *Calvaire,* le sommet de la religion, de l'histoire et de l'art dans les temps modernes. Aussi, dans la merveilleuse basilique de Saint-Ouen de Rouen, comme dans l'humble église rurale d'Ancourt, vous trouverez au chevet du temple, et comme sa raison d'être, le Christ mourant pour l'homme, et suspendu au bois de sa croix afin d'attirer à lui l'univers.

L'artiste a reproduit cette grande scène de l'histoire du monde, avec une simplicité, une sévérité et une austérité qui conviennent parfaitement au sujet. Sur un fond bleu comme le ciel, on voit apparaître le Christ étendant sur la croix ses bras ouverts pour embrasser le monde. A ses pieds se tiennent debout saint Jean et la vierge Marie. Saint Jean, à gauche, tient le livre des

Evangiles ; Marie, à droite, est dans cette attitude si bien peinte par Barbier :

> Avec son voile blanc et son grand manteau bleu,
> Marie aux pieds du Christ, dans sa pose modeste,
> Relevant vers le ciel sa paupière céleste,
> Et regardant son Fils avec des yeux d'amour,
> Comme craignant encore de le reperdre un jour.

Agenouillée au pied de la croix, est la Madeleine, pécheresse et pénitente célèbre. Elle tient embrassé l'arbre de vie qu'elle arrose des larmes de son amour et de son repentir. Près d'elle est le célèbre vase aux parfums destiné à la sépulture. On lit sur ses flancs le mot prophétique de MYRRE qui fut prononcé au berceau même du Sauveur du monde.

L'artiste n'a rien oublié dans ce mystère, puisqu'il y a placé l'arbre de mort qui germa au Paradis terrestre et dont la tête d'Adam fut le premier fruit. Mais le Christ à présent a vaincu par le bois celui qui avait autrefois triomphé par le bois : « et qui in ligno vincebat in ligno quoque vinceretur. »

De chaque côté, on a placé la lune et le soleil voilés à l'aspect d'un spectacle qui trouble la nature elle-même. A l'horizon de cette grande scène du Golgotha, on aperçoit les tours et les minarets de Jérusalem, image du monde que vient de racheter la victime du Calvaire.

Enfin, au sommet, dans le remplissage de la fenêtre, sont les instruments de la Passion et trois mystérieux personnages : Moïse qui élève le serpent d'airain, image du Crucifié ; Elie, le futur vainqueur de l'Anté-Christ, et la Sybille qui a prédit la croix aux nations.

Bien des personnes, se rappelant le crucifiement de Rubens et tous ceux qui ont été faits depuis sur la toile ou sur la pierre, demanderont peut-être plus de personnages et se plaindront de la simplicité de cette scène, ailleurs si dramatique. Nous leur ferons observer que l'artiste ici avait une fenêtre du xvie siècle à remplir et qu'il n'a pu se livrer à son imagination et à sa fantaisie. Il a dû restaurer selon le goût et le style du monument, et nous croyons qu'il y a réussi. Dans notre contrée, tous les crucifiements du xvie siècle sont de ce genre. Que l'on compare, si l'on veut, le crucifiement de Dieppe à celui de Saint-Ouen, à coup sûr le premier l'emportera sur le second.

A droite du spectateur, c'est-à-dire à la fenêtre de l'Épître, est la *Résurrection*. Cette page, riche en couleurs, est grande et noble de dessin. Rarement on trouvera des figures plus mâles et plus vigoureuses que celles de ces soldats romains couchés ou renversés autour du sépulcre. Leurs costumes militaires sont on ne peut plus brillants ; leurs casques et leurs épées étincellent d'une lumière inconnue jusqu'alors.

Au milieu de cette scène de stupeur, sur ce renversement de la force humaine, on admire la victoire pacifique du Christ désarmé, qui ne possède qu'un manteau rouge semé d'or, jeté négligemment sur ses épaules, et laisse voir les plaies de son corps transfiguré. Ce triomphateur de la mort foule aux pieds le couvercle renversé du cercueil qui fut trois jours la prison de son corps. Il apparaît ici dans sa gloire qu'il va voiler aux yeux des hommes trop faibles pour la soutenir, puisqu'un seul rayon suffit pour renverser les légions de César. D'une main il bénit le monde, de l'autre il tient la croix qui l'a racheté. Dans le lointain vous voyez venir les saintes femmes qui portent des parfums ; à l'horizon sont les tours de Sion et de Jérusalem. Trois emblêmes occupent le remplissage : un prophète, Jonas et une Sybille.

Mais à notre avis le chef-d'œuvre de cette triple composition, c'est la *Naissance de Jésus-Christ* placée à gauche, à la fenêtre de l'Évangile. Rien de plus frais ni de plus gracieux que cette pastorale de l'Orient, reproduite avec toute l'imagination de l'Occident chrétien.

A coup sûr, la grotte de Bethléem qui fait le fond du tableau n'a rien d'historique ; mais l'imagination de l'artiste l'a enrichie de tout ce qui charme et captive les regards de l'homme. Ainsi, d'une part, c'est un chalet suisse où vous pouvez compter les bâtons qui soutiennent un toit de paille rustique comme celui de nos chaumières normandes quand elles sont abandonnées. Puis à côté, et comme pour trahir la demeure d'un roi, sont les magnifiques débris d'un palais où la Renaissance étale ses plus riches fantaisies. Est-ce là une ruine indiquant la décadence de la maison de Juda et de la race de David? ou bien est-ce une prédiction de cette royauté future préparée au Christ dans l'histoire monumentale de ce monde? C'est peut-être l'un et l'autre. Sur ce chalet, sur ce palais, une vigne souple et en fleurs étend ses feuilles et ses rameaux verdoyants. Sa présence est ici d'un effet magique. N'oublions pas de dire que sur ce toit de chaume est posé l'écu des Croisés comme pour annoncer tout ce que coûtera un jour d'héroïsme ce berceau du Sauveur.

C'est sous ce chalet que repose l'Enfant-Dieu emmaillotté dans des langes, et étendu sur de la paille qui remplit une crèche de bois. Le bœuf traditionnel se tient dans un respectueux lointain, mais l'âne plus familier, l'âne domestique qui doit jouer un rôle dans la vie du Sauveur, et dans celle de nos apôtres, l'âne de l'Orient [1]

---

[1] La fameuse prose de l'Ane commençait par ces mots :

« Orientis partibus
Adventavit asinus. »

vient caresser ou réchauffer de son souffle la tête nimbée et déjà crucifère de Jésus.

Près de la crèche est Marie agenouillée, tandis que saint Joseph debout, le bâton à la main, montre l'enfant aux bergers qui arrivent en triomphe, guidés par l'ange et l'étoile, ces célestes témoins de la nuit de Noël.

Au pied de la crèche on voit une brebis et un chien, offrande ou accompagnement des pasteurs. Peut-être aussi l'artiste a-t-il voulu peindre la brebis et le loup apprivoisés désormais et signifiant ainsi que le Christ venait donner la paix au monde et réconcilier toute créature, le Juif aussi bien que le Gentil.

Les bergers arrivent la houlette à la main. Mais ce qui est plus pittoresque et plus champêtre, ce sont de jeunes bergères qui s'avancent couronnées de fleurs ; c'est là une idée heureuse et bien rendue. Derrière les bergers, on voit apparaître dans le lointain le groupe des trois Mages qui arrivent chargés de présents. Eux, ils marchent sur un grand chemin dallé de pierres, pavé comme la voie Appienne, la reine des voies romaines, tandis que les bergers, hommes des champs, marchent sur un pré tapissé de fleurs.

Dans le lointain de l'horizon, on aperçoit aussi les monuments de l'Orient, les pyramides de l'Egypte, présage du voyage prochain que fera la sainte famille vers cette terre des idoles. Enfin, au sommet, l'on voit le prophète Isaïe, Jessé dormant sur sa tige et la Sybille qui tient dans ses mains un berceau de bois.

A présent que nous avons terminé notre description, un peu longue peut-être, il nous reste à faire connaître l'atelier d'où est sorti ce nouvel ornement du saint temple. Le lecteur sera moins étonné des éloges que nous avons faits de cette œuvre, quand il saura qu'elle provient de la maison de MM. Lusson et Bourdon, peintres-verriers à Paris, à Rouen et au Mans. C'est à eux, comme chacun sait, que l'on doit la restauration des vitraux de la Sainte-Chapelle de Paris, ce véritable bijou de l'architecture chrétienne en Europe. Déjà ils sont connus à Dieppe par les magnifiques verrières qui décorent, à Saint-Jacques, la chapelle de la Sainte-Vierge. Notre diocèse, qui les a vus avec plaisir fonder à Rouen un atelier de vitrerie, succursale de leur établissement de Paris, se réjouira d'apprendre qu'ils ont donné à notre pays un nouveau gage de leur science et de leur talent.

Antiquités franques, de l'époque mérovingienne,

Trouvées à Envermeu (Seine-Inférieure), *en* 1855.

Pendant le mois de septembre 1855, M. l'abbé Cochet, inspecteur des monuments historiques de la Seine-Inférieure, a continué ses fouilles archéologiques dans le cimetière mérovingien d'Envermeu, découvert en 1850, lors de la confection de la route départementale n° 32 de Bolbec à Blangy.

L'espace exploré cette année-là a été de 25 mètres de long sur 20 de large. Ce seul quartier lui a offert 65 fosses distribuées par rangées qui n'ont pas été moindres de 8 à 10 ; deux ou trois de ces fosses étaient doubles ; toutes étaient taillées dans la craie ou le roc vif. Les rangées de fosses allaient du Sud au Nord ; les fosses, au contraire, se dirigeaient de l'Est à l'Ouest.

La majeure partie de celles qui ont été rencontrées avaient été violées à des époques déjà anmation ; ciennes, probablement dans les siècles même de l'inhusur 65, 15 au plus étaient intactes ou du moins volées imparfaitement. Parmi ces dernières, trois surtout ont été fort remarquables : nous les signalons comme des plus intéressantes qui aient encore été rencontrées depuis que l'on se livre en France à ce genre d'exploration. Mais ici nous donnons la parole à l'explorateur lui-même en citant le rapport qu'il a adressé, sur ce sujet, à M. le Préfet de la Seine-Inférieure.

« La première fosse, dit M. l'abbé Cochet, m'a paru appartenir à une jeune personne dont l'âge pourrait être fixé entre dix et quinze ans. Je ne saurais préciser mieux, n'ayant trouvé aucun des ossements qui sans doute avaient été enlevés ou consumés par la craie. Si je conjecture ainsi l'âge et le sexe du sujet, c'est par la taille de la fosse et la nature du mobilier qu'elle contenait.

» A l'endroit où devait être la tête, j'ai recueilli des boucles d'oreilles en bronze avec pendants ovoïdes en or ; de chaque côté des tempes et près des boucles d'oreilles étaient 25 à 30 fils d'or qui, la plupart encore repliés, semblaient avoir servi à brocher un tissu que la terre et le temps avaient consumé. Ils doivent provenir d'un bandeau qui parait le front de la jeune fille. A propos des fouilles faites à Kerch par les Russes, en 1838, le *Journal de Rouen,* du 7 octobre 1855, citait une femme dont le front a été trouvé dans le tombeau encore couvert d'une guirlande de feuilles d'or. On voit aussi à la Bibliothèque impériale de Paris plusieurs bandeaux à feuilles d'or trouvés dans des tombeaux d'Athènes, rapportés et donnés par M. Raoul Rochette.

» Sur la poitrine de la jeune franque étaient deux fibules d'or sous forme d'oiseau de proie (aigle ou perroquet). La plaque d'or pesant 7 grammes était ornée de filigranes cordés. Ces filigranes formaient des nattes comme on en voit sur nos vieilles croix et nos anciennes églises. Près des fibules était une boule en pâte de verre suspendue au cou comme une amulette.

» A la ceinture était une petite boucle en bronze et des petits clous destinés à décorer le ceinturon de cuir. Là aussi se trouvaient, en guise de châtelaine, une chaînette de fer composée de 8 à 10 mailles rondes, un petit couteau de fer, une perle de verre noir, une paire de petits ciseaux logés dans un étui de cuir dentelé et découpé à jour d'un côté, dans le genre des sandales romaines ; une clef en fer à deux dents d'un seul côté ; une autre pièce en fer imitant une clef. Ces deux objets étaient passés à un anneau de cuivre qui servait à les suspendre. Enfin, j'ai cru remarquer les restes d'une bourse de cuir.

» Les pieds reposaient sur une jolie ampoule de verre blanc de la capacité d'un litre et dans laquelle j'ai trouvé sept coquilles de clausilies et trois ou quatre squelettes de petits rongeurs semblables à des lérots et à des musaraignes. Cette ampoule avait été déposée ici enfermée dans une caisse de bois dont nous avons retrouvé la garniture en fer.

» La seconde sépulture était celle d'un homme, mais d'un homme vigoureux, d'un militaire et probablement d'un chef de centaine ou d'un vicaire. Sur sa poitrine reposait un *umbo* de bouclier garni de clous en bronze ; le manipule et la garniture composée d'une verge de fer avaient été broyés par la pression des terres

» A la ceinture était une boucle de bronze munie d'un appendice, deux couteaux croisés l'un sur l'autre avec chacun une gaîne de cuir, une pince à épiler en bronze, une petite garniture d'argent de forme carrée, avec quatre têtes de clous aussi d'argent (ce devait être le bout du ceinturon). A la ceinture était également une balance en bronze dont deux plateaux ont été retrouvés. Ces plateaux de forme ronde étaient encore percés de trois trous et munis de petits anneaux auxquels s'attachaient ces cordes. La trace des cordons est encore visible et elle adhère au métal au moyen de l'oxyde. Une pièce de bronze semblable à une monnaie romaine a été trouvée dans le paquet ; je la regarde comme un poids ou peson. Quoique l'une des branches de la balance se soit trouvée cassée, nous ne pouvons douter de son existence puisque nous possédons le deuxième plateau, il est vrai, très-mutilé. Notre savant ami Roach Smith, de Londres, a dessiné une balance à deux plateaux, semblable à la nôtre, trouvée en 1850, à Ozingell, dans le Kent, avec une collection de poids formée au moyen d'une série de médailles romaines.

» Nous ne savons s'il est sage de hasarder une conjecture, mais il ne nous paraît pas hors de propos de supposer que le guerrier rencontré ici pourrait bien être un agent du fisc ou un seigneur monétaire. Nous abandonnons cette conjecture pour ce qu'elle vaut.

» Mais la plus belle pièce trouvée à la ceinture et fournie par cette sépulture était un objet long de 12 centimètres et muni au centre d'une petite boucle en bronze qui paraissait adhérente à l'instrument lui-même. Cette pièce remarquable se compose de morceaux de verroterie rouge cloisonnée d'or ; sous les verres sont des paillons ou feuilles brillantes, et le tout est fixé l'un à l'autre au moyen de mastic ou de pâte. Cette composition est ensuite appliquée à une planchette dont le bois est très-reconnaissable. Des verroteries rouges également cloisonnées d'or ornaient l'épée de Childéric. On peut voir à Paris, dans le Musée des Souverains, ce curieux monument de notre histoire primitive.

» La pièce d'Envermeu dont nous parlons reproduit un animal fantastique. C'est, si l'on veut, un poisson ou un oiseau qui aurait deux têtes. Nous sommes porté à voir dans sa destination le fermoir d'une bourse ou d'une aumônière que le mort portait à la ceinture. Les bourses ou aumônières nous ont déjà apparu cinq ou six fois à Envermeu, mais avec fermoirs en fer; il en a été de même en Angleterre et en Allemagne, dans le cimetière d'Oberflacht, en Wurtemberg. La pièce d'Envermeu est bien certainement une des plus curieuses que nous ayons rencontrées jusqu'ici.

» Enfin, aux pieds de ce mort se trouvaient, au côté droit, un angon de fer long de 90 centimètres, terminé par une pointe carrée au-dessous de laquelle s'ouvraient deux ailes ou crochets, indice certain d'une arme de jet; puis un fer de lance long de 60 centimètres et une très-belle hache et francisque possédant encore une partie de son manche de bois. A l'extrémité des pieds avait été placé un coffret en bois dont nous n'avons trouvé que l'anse mobile en bronze.

» La troisième fosse intéressante m'a paru être celle d'une femme. La tête en était à peu près conservée, mais elle semblait être retombée sur la poitrine. C'est dans cette région que j'ai ramassé deux fibules en bronze doré et en forme de vers de terre comme il s'en rencontre parfois et notamment semblables aux deux fibules d'Oberflacht, reproduites par M. Wylie, de Londres, et par le capitaine von Durrich, de Stuttgard. Puis, j'ai recueilli 16 perles d'ambre jaune mêlées avec 7 perles d'émail ou pâte de verre. Toutes réunies formaient un collier de 23 perles; non loin d'elles était un petit bout de bâton entouré de six à sept cercles de bronze assez minces; une chaînette de fer formée de quelques mailles rondes; à la ceinture était un anneau de fer encadrant une boucle de bronze étamé, destinée au ceinturon. Cette dernière découverte m'a appris que ces anneaux de fer trouvés dans les autres fouilles se portaient à la ceinture; il y avait aussi une petite boucle en fer; puis, en descendant le long des fémurs, deux petites attaches de bronze liées ensemble au moyen d'un anneau; une plaque carrée en bronze, probablement pour terminer le cuir du ceinturon; douze boutons à tête pentagone avec une queue destinée à traverser le cuir du ceinturon; une petite boucle en cuivre pour le couteau; un couteau de fer avec gaîne de cuir dont le bas avait une garniture d'argent; une perle de verre bleu godronée, une cuillère en fer (ce qui indiquerait assez une nourrice); et enfin, plusieurs objets de fer que je n'ai pu encore déterminer.

» Aux pieds était un vase en terre noire. Tout à côté, et se rattachant peut-être à cette sépulture, nous avons trouvé semées dans les terrains environ 90 plaquettes d'os ornées de dessins en creux et qui paraissent avoir formé la décoration et la garniture d'un coffret de bois depuis long-temps détruit. »

Les Vitraux d'Ancourt.

Les habitants de Dieppe et les étrangers qui fréquentent notre ville connaissent presque tous les vitraux de l'Eglise d'Ancourt, dont M. Vitet a si bien fondé la renommée dans son *Histoire de Dieppe*. Cette église de campagne, autrefois entièrement vitrée en couleur comme ses pareilles, a conservé, plus que toutes ses voisines, un débris de presque chacune de ses verrières. Mais de toutes ses fenêtres les plus curieuses sont celles du chœur comparables à ce que le XVIe siècle nous a laissé de plus parfait même à Rouen, la *ville aux belles voirrières*.

Nous n'étonnerons personne en disant que les trois fenêtres de l'abside sont les plus remarquables de toutes; c'est là un usage général en pareille matière. Ici elles représentent la *Passion* du Sauveur du monde et même celle de saint Saturnin de Toulouse, si l'on peut se servir de cette expression.

Le *Martyre de saint Saturnin*, patron de la paroisse, occupe la partie haute de la fenêtre du côté de l'Epître.

La partie basse, disparue depuis long-temps, a été remplacée par des vitraux d'ornement. Il en a été de même pour la fenêtre du côté de l'Evangile qui reproduit plusieurs scènes de la *Passion du Sauveur*. La fenêtre du fond est complètement occupée par un *Crucifiement* où le Christ figure entre deux larrons et au milieu de soldats romains à cheval et sous les armes. Ce grand tableau, très-gravement mutilé et qui passait pour le moins intéressant, est devenu, depuis sa restauration, le plus parlant et le plus saisissant de l'église.

Les amis des arts et des antiquités de notre pays voyaient avec inquiétude et avec un certain effroi l'état d'abandon dans lequel on laissait, depuis fort long-temps, les vitraux d'Ancourt. Bien des personnes craignaient pour leur avenir. A présent, tout le monde doit être complètement rassuré. Non-seulement ces vitres ne périront pas, mais elles brillent, à présent, d'un éclat qu'elles n'ont pas connu depuis trois siècles.

Cette restauration, faite avec tant de goût, et nous pouvons dire à si peu de frais, fait grand honneur à MM. Lusson et Bourdon, peintres-vitriers à Rouen et à Paris, et déjà très-avantageusement connus parmi nous, par les belles verrières qu'ils ont placées dans les églises de Dieppe.

Mais, afin de rendre à chacun selon ses œuvres, nous

devons nommer ici les principaux bienfaiteurs. En première ligne, il faut placer le conseil municipal de la pauvre commune, qui, malgré l'exiguité de ses ressources, a voté la somme de 1,000 fr. ; puis M. de Belleville, propriétaire du château du Pontrancard, qui, par piété et pour le bon exemple, a donné 500 fr. ; notre conseil général, par l'organe de M. le préfet, toujours si attentif à tous les besoins de son département, a contribué pour 300 fr. en deux annuités ; enfin le zèle de M. le curé d'Ancourt a pu réunir encore 500 fr., ce qui a formé la somme de 2,300 fr., total de la dépense.

On le voit, tout le monde a fait son devoir, et, au moyen d'un petit sacrifice, que Dieu récompensera, on a pu refaire les meneaux, remettre à neuf des verrières et garnir les fenêtres d'un nouveau treillage de fer. C'est tout à la fois une belle œuvre et une bonne action.

Une Cachette du XVIe siècle.

La rue Lemoyne, à Dieppe, a été, en février 1856, le théâtre d'une grande opération. Quatre ou cinq maisons furent démolies pour l'agrandissement de la Manufacture des dentelles, qui est en même temps un orphelinat. Ce travail a été signalé par une découverte assez curieuse. Dans le mur d'une des caves un ouvrier a rencontré une niche contenant un vase en grès. Ce vase, qui a été brisé en morceaux, renfermait 691 écus d'argent à l'effigie de Charles IX et de Henri III. Ces pièces ne sont pas d'une très-belle conservation, quoiqu'elles n'aient dû circuler qu'une dizaine d'années ou environ ; la majorité de ces monnaies porte les millésimes de 1579 et de 1580. Ce trésor, qui n'a qu'une valeur métallique, pèse 6 kilog. 5 hectog.

Nous ne balançons pas à reporter cette cachette à l'année 1589, qui fut, pour Dieppe, la plus terrible époque des guerres civiles et religieuses. Depuis le 15 mars de cette même année jusqu'au 21 septembre, jour de la bataille d'Arques, Dieppe fut constamment une place de guerre toujours assiégée ou assiégeante. Pendant six mois le commandeur de Chattes, chef des royalistes, faisait de continuelles sorties dans le pays de Caux, entièrement soulevé pour l'*Union catholique* sous la conduite de Fontaine-Martel.

On retrouve encore dans toute la Normandie de nombreuses cachettes d'argent qui datent de la Ligue. Une des dernières rencontrées dans ce pays est le petit trésor de Saint-Aubin-sur-Scie, composé de 32 pièces d'or. Quant à celui de Dieppe, retrouvé en 1856, il est évident qu'il a échappé aux *rebâtisseurs* de la ville, après le bombardement de 1694. La maison qui vient de disparaître ne datait guères que de 1700. Assurément la cave était antérieure.

Arques et Archelles.

Tous les habitants d'Arques connaissent M. Chapelle, modeste menuisier de ce bourg et amateur de toutes les antiquités que renferme la petite mais célèbre localité qui lui a donné le jour. Avec cette patience et cette persévérance que le patriotisme seul sait donner, cet excellent homme a recueilli bon nombre de pièces intéressantes qui, à coup sûr, eussent été perdues sans ses soins tout paternels. Après les avoir sauvées de la destruction, il a eu la bonne pensée de les offrir à la bibliothèque publique de Dieppe où elles serviront de jalons aux archéologues et à tous ceux qui auront à parler du passé de son pays.

Parmi les objets donnés par M. Chapelle, nous citerons quatre carreaux émaillés en terre cuite, qui peuvent dater du xve ou du xvie siècle, seuls restes connus du pavage primitif de l'église d'Arques ; deux morceaux de terre cuite, incrustés et jadis remplis d'un émail colorié. Ces grandes pièces qui décoraient le fief de Lardenières, ancien siége des poids et mesures, rappellent les dalles céramiques qui formaient autrefois des tombes entières dans nos églises du pays de Bray, du Beauvoisis et de la Picardie. Ces débris sont dans le style de la Renaissance.

D'une époque incertaine, nous citerons un éperon en fer avec molette et un fer de cheval ou de mulet d'une forme très-originale. Ces deux objets ont été tirés de la Béthune, dans la traverse d'Archelles.

La période romaine a fourni le meilleur contingent. Citons d'abord une meule à broyer en poudingue, chose commune ; mais ce qui l'est moins, c'est la partie creuse de la meule, le réceptacle du grain, le bassin même où il était broyé. Cette pièce est assez rare. M. Chapelle en a recueilli une d'une manière également insolite. Elle n'est point en pierre du pays, mais bien en lave volcanique, en pierre de Volvic, peut-être, et elle provient vraisemblablement de l'Auvergne. Le trou par où s'échappait le blé broyé sous la meule est encore très-bien conservé.

Une chose également commune, mais qui présente ici un caractère tout particulier, c'est une tuile à rebords, longue de 40 centimètres et large de 30, dont la surface est entièrement couverte de marques de pas d'animal, imprimées dans la terre molle. Ces traces doivent être celles d'un chien. Déjà, à plusieurs reprises, semblable particularité a été observée sur des tuiles et des briques antiques, notamment par M. Féret, dans la villa de Braquemont et de Grèges, et par M. del Marmol, à Temploux et à Védrin en Belgique.

Les autres pièces, à l'état de fragments, se composent de deux morceaux de poterie romaine en terre dite de Samos ; (l'un est à reliefs et l'autre présente un nom de potier malheureusement illisible) ; de deux restes d'un puissant mortier ou pilon en terre jaunâtre et d'une épaisseur qui dépasse deux centimètres ; et de la base d'une statuette en terre blanche qui dut représenter une Vénus anadyomène. Ces statuettes de Vénus en terre cuite, espèces de Lares des Gallo-Romains, nos pères, sont communes dans les villas, les fontaines, les mares et autres lieux vénérés ou habités par ces anciens idolâtres

Tous ces débris et quelques autres encore que nous ne pouvons énumérer proviennent d'Archelles où passe la *rue de Rome* et où l'on a trouvé, en 1853, les débris d'un bel édifice antique. Sous le champ désert où s'est livré la bataille de 1589, un maçon d'Arques, nommé Turle, a découvert en plantant des pommiers, une si grande quantité de pierres de taille, que sa petite cour s'est transformée par lui en une vraie carrière de pierres. Il en a tiré une assez grande quantité pour bâtir et décorer une petite maison qu'il élève en ce moment à Archelles. Quelques-unes de ces pierres sont en tuf des vallées, si bien connu des Romains de nos contrées, qu'ils en ont appareillé leurs villas et théâtre de Lillebonne ; mais la majeure partie vient de Saint-Leu et de Vergelé, et elle indique la place d'un bel et somptueux édifice. La plupart, en effet, avaient été taillées, et quelques-unes conservaient encore, outre les moulures, des agrafes de fer soudées avec du plomb, reste de leur jonction et de leurs assises.

Le détail le plus intéressant que nous ayons remarqué c'étaient des feuilles d'eau imbriquées, genre de décoration fort commune dans nos contrées au temps de Constantin [1]. Des fragments de sculpture de ce genre ont été vus dans les ruines romaines de Lillebonne, dans les débris romains du Bois-l'Abbé, près Eu, fouillé en 1820 par M. Estancelin, et dans la villa de Sainte-Marguerite-sur-Saâne, explorée par M. Feret, de 1840 à 1846.

Outre ces débris lapidaires, le sieur Turle a trouvé encore une foule de fragments de tuiles et de poteries et des monnaies de bronze du haut et du bas empire. M. Jean en avait recueilli un bon nombre en 1853 et en 1854. En 1856, le sieur Turle a mis à découvert une

[1] M. Amédée Feret a eu l'attention de dessiner ces sculptures, et c'est à présent tout ce qui en reste.

espèce de voie pavée, large de 3 mètres et fortement cailloutée sur une épaisseur de 70 à 80 centimètres.

Quelque opinion que l'on puisse avoir sur ces ruines, on ne saurait disconvenir qu'elles indiquent un monument important et solennel appartenant aux temps encore prospères de la domination romaine dans nos contrées. C'est le plus remarquable édifice antique qui ait encore été aperçu dans la vallée de Dieppe. L'histoire d'Arques, si riche au moyen-âge, ne dépassait pas Charlemagne et Pépin. A présent elle étend ses origines jusqu'à l'époque romaine, et Archelles en devient la base. Les modestes débris, recueillis par M. Chapelle, seront aussi les premières lignes de cette nouvelle page d'histoire locale.

NÉCROLOGIE.

M. LEFILLEUL DES GUERROTS.

La Seine-Inférieure a perdu le doyen de ses poètes, et l'Académie de Rouen le plus ancien de ses membres. M. Lefilleul des Guerrots, que nous appelions si volontiers le « Florian de la Normandie, » est décédé le 3 juin 1857, en son château des Guerrots, à Heugleville, près Auffay (Seine-Inférieure). En 1778, M. des Guerrots était né dans ce manoir, seigneurial alors, et aujourd'hui l'un des mieux boisés du pays de Caux, la terre privilégiée des hêtres et des belles clairières. La famille Lefilleul, noble dès le xve siècle, figure parmi les bienfaiteurs dont les noms recouvrent les murs de la collégiale d'Auffay, cette fille de Saint-Evrould dont Ordéric Vital nous retrace les origines avec tant de complaisance.

Toute sa vie, M. des Guerrots eut l'amour des lettres et le culte des arts. Même au milieu des guerres du premier Empire et malgré le bruit des armes qui remplissait alors le monde, il cultiva paisiblement les Muses. Avant l'âge de 30 ans, il avait composé un recueil de fables et de poésies légères qui, en 1810, lui ouvrit les portes de l'Académie de Rouen. Pendant plus de trente années, il fut pour ainsi dire le poète officiel de cette compagnie et, jusqu'après 1840, une séance publique ne pouvait guère se passer d'une fable de M. des Guerrots. Le *Précis analytique* des travaux de la corporation en fait foi, et cette chronique annuelle enregistra fidèlement les œuvres de M. des Guerrots, avant que celui-ci les réunit en un corps d'ouvrage.

Ce charmant recueil, auquel il donna le nom de *Fables*, fut édité à plusieurs reprises sans jamais être mis dans le commerce. Il ne l'imprimait, suivant l'expression du bon abbé Anfray, du Havre, que « pour sa famille, quelques amis et lui » ou, pour me servir d'une formule anglaise, « *for private distribution only*. » Toutefois, en vrai gentilhomme, il savait illustrer son livre et le distribuer généreusement.

Nous connaissons deux éditions de ses œuvres faites à Rouen, chez l'imprimeur Péron, l'une en 1843, l'autre en 1852. Toutes deux sont de format in-12, mais la première est une édition de luxe. Toutefois cette première édition ne contient que v livres de chacun 25 pièces, tandis que la seconde en renferme vi également composés de 25 fables chacun. M. des Guerrots, on le voit, était méthodique dans ses écrits comme dans sa vie.

Le temps me manque et un peu aussi la compétence pour apprécier, comme il mérite de l'être, un livre de poésies qu'on lit tout entier, une fois qu'on l'a ouvert. Mais je ne puis m'empêcher de faire remarquer que presque toutes ces fables contiennent une satire ou une épigramme en même temps qu'un apologue. C'est La Bruyère et Florian réunis ensemble.

En dehors de ses fables, M. des Guerrots a encore enrichi les archives de l'Académie de Rouen de critiques, de rapports littéraires et surtout de traductions d'odes d'Horace, son classique de prédilection Les Mémoires de l'Académie et les livraisons de la *Revue de Rouen*, dont il fut pendant vingt ans (1833-52) le collaborateur assidu, rendront témoignage de cette culture des lettres qui dura jusqu'à la fin de sa vie.

Puisque nous avons parlé des odes d'Horace, on nous permettra un rapprochement et un souvenir. Sur ces mêmes bords de la Scie, où est né, où a vécu et où est mort M. des Guerrots, chantait, il y a un siècle, un digne abbé Fontaine, curé de Vassonville, près Auffay. Pendant vingt-cinq ans de cure, il employa les loisirs de son presbytère à traduire en vers français le *prince des Lyriques latins*. Chaque année, de 1748 à 1774, il embellissait d'une de ses odes françaises les séances publiques de l'Académie de Rouen. C'était alors le triomphe des Grecs et des Romains, et les classiques faisaient tout le bonheur de la France littéraire du xviiie siècle. A cette époque, une séance d'Académie n'eut pu se passer d'une ode d'Horace ou d'une églogue de Virgile. Ajoutons aussi que ces deux existences si semblables prouvent que les bords de la Scie ont toujours inspiré les poètes et qu'on pourrait appeler cette humble rivière l'*Hypocrène de la Normandie.,*

M. des Guerrots était membre de plusieurs Académies dont ses *Fables* lui avaient ouvert les portes ; mais nous avons à parler de quelque chose de plus touchant.

Vers 1820, il avait reçu du souverain pontife Pie VII la croix de l'Éperon-d'Or. Hâtons-nous de dire que ce ne fut ni pour ses poésies ni pour son mérite littéraire qu'il obtint cette distinction, rare alors dans notre pays. Comme les membres de la famille de Jeanne d'Arc, il fut annobli par les femmes. Mme des Guerrots est une demoiselle de la Flèche, de Fontainebleau. Sa sœur et elle habitaient cette petite ville pendant la captivité qu'y subit le souverain pontife. Comme les saintes femmes de l'Évangile qui servaient le Sauveur et comme celles de la primitive Église qui assistaient les apôtres et les martyrs dans leurs persécutions, ces pieuses chrétiennes se dévouèrent au service du pape et des cardinaux captifs. Dieu seul sait tous les soins et toutes les attentions dont elles entourèrent ces représentants de notre Maître et de ses saints apôtres. Pour récompenser ce zèle, dont ils avaient gardé bonne mémoire, les cardinaux et le pape, rentrés dans Rome, adressèrent, avec une lettre flatteuse, la décoration de l'Éperon-d'Or à M. des Guerrots, devenu l'époux d'une des demoiselles de la Flèche.

Ce ne fut là qu'une première récompense, car nous espérons bien que Dieu lui aura accordé cette couronne impérissable après laquelle nous soupirons tous. Les bons sentiments dans lesquels il est mort, les sacrements dont il a été muni à son heure dernière, nous en sont à la fois les prémices et le gage.

TABLE DES MATIÈRES.

De Paris à Rouen, 5
Rouen, 11
Déville, 14
Maromme, 17
Bondeville, 18
Malaunay, 20
Monville, 23
Clères, 24
Ormesnil, — Lœilly, — Étaimpuis, 27
Saint-Victor-l'Abbaye, 28
Saint-Maclou-de-Folleville, 31
Vassonville, 33
Saint-Denis-sur-Scie, 34
Auffay, 35
Heugleville-sur-Scie, 40
Longueville, 42
Vaudreville, — Dénestanville, — Crosville, — Anneville, 48
Charlesmesnil, 50
Sauqueville, 52
Saint-Aubin-sur-Scie, — Appeville-le-Petit, — Pourville, 55
Dieppe, 59
Promenades aux environs de Dieppe, 83
Faubourg de la Barre, 84

Caude-Côte,	85
Pourville,	87
Varengeville,	92
Phare d'Ailly,	95
Sainte-Marguerite,	98
Longueil, — Ouville,	104
Manoir d'Ango,	105
Hautot,	109
Petit-Appeville,	112
Mont-de-Caux,	115
Janval,	118
Vallée de Scie,	120
Touslesmesnils,	124
Longueil,	125
Quiberville,	127
Saint-Denis-du-Val,	128
Bourg-Dun,	131
Saint-Denis-d'Aclon,	140
Ouville,	142
Offranville,	145
Les Vertus,	147
Saint-Pierre-d'Épinay,	149
Rosendal,	153
Bouteilles,	153
Machonville,	159
Arques, l'Église, le Château, etc.,	161
Archelles,	171
Martin-Église, — Étran, — Bonne-Nouvelle,	179

Les Bains, le Bazar, la Plage,	185
Le Théâtre, les Paquebots, les Courses, les Régates,	189
Fêtes d'inauguration,	191
Établissement hydrothérapique,	199
La Porte d'Étoutteville,	201
L'Église Saint-Jacques, sa Décoration, ses Verrières,	204
Antiquités franques,	213
Les Vitraux d'Ancourt,	220
Une Cachette du XVIe siècle,	222
Arques et Archelles,	224
M. Lefilleul des Guerrots (nécrologie)	228

Dieppe. — Em. DELEVOYE, imprimeur.

www.ingramcontent.com/pod-product-compliance
Lightning Source LLC
Chambersburg PA
CBHW072030170426
43200CB00025B/2396